myBook+

Ein neues Leseerlebnis

Lesen Sie Ihr Buch online im Browser – geräteunabhängig und ohne Download!

Und so einfach geht's:

- Gehen Sie auf **https://mybookplus.de**, registrieren Sie sich und geben Ihren Buchcode ein, um zu Ihrem Buch zu gelangen
- **Ihren individuellen Buchcode finden Sie am Buchende**

Wir wünschen Ihnen viel Spaß mit myBook+ !

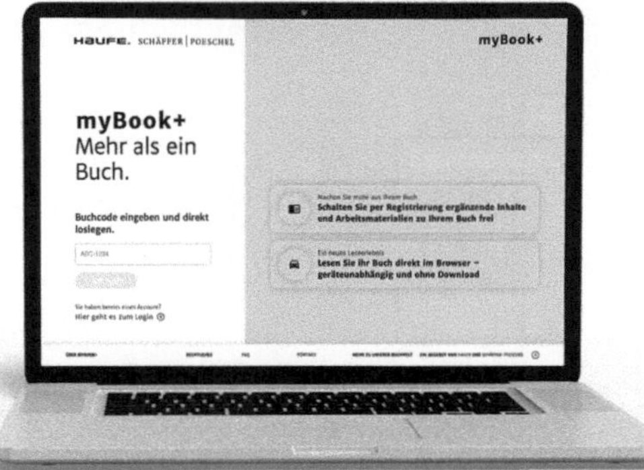

Selbstführung

Marcus Heidbrink / Sebastian Debnar-Daumler

Selbstführung

Innere Klarheit für chaotische Zeiten

3. Auflage

Haufe Group
Freiburg · München · Stuttgart

Bibliografische Information der Deutschen Nationalbibliothek

Die Deutsche Nationalbibliothek verzeichnet diese Publikation in der Deutschen Nationalbibliografie; detaillierte bibliografische Daten sind im Internet über http://dnb.dnb.de/ abrufbar.

Print:	ISBN 978-3-648-17375-6	Bestell-Nr. 10169-0003
ePub:	ISBN 978-3-648-17376-3	Bestell-Nr. 10169-0102
ePDF:	ISBN 978-3-648-17377-0	Bestell-Nr. 10169-0152

Marcus Heidbrink / Sebastian Debnar-Daumler
Selbstführung
3. Auflage, Dezember 2023

www.haufe.de
info@haufe.de

Bildnachweis (Cover): © iStock, MarianVejcik
Produktmanagement: Kerstin Erlich
Lektorat: Gabriele Vogt

Inhaltsverzeichnis

Einleitung zur 3., erweiterten Auflage

Wir leben in einer volatilen, unsicheren, komplexen und mehrdeutigen Gesellschaft. Mit diesem Satz begann auch die letzte Auflage dieses Buches, erschienen im Januar 2019. Damals wussten wir noch nichts von einer Pandemie, einem gesellschaftlichen Lockdown, und konnten uns nicht vorstellen, dass in Europa ein konventioneller Krieg ausbricht. Die gesellschaftlichen Veränderungen der zurückliegenden Monate und Jahre haben unser aller Leben tiefgreifend verändert, im Privaten wie im Beruflichen. Nicht wenige sehen aktuell eine Zuspitzung der volatilen, unsicheren, komplexen und mehrdeutigen Zeiten und sprechen von chaotischen Zuständen. Im Chaos sind Ursache-Wirkungs-Zusammenhänge nicht mehr durchschaubar; wir wissen nicht, was wir tun sollen. Wie im dichten Nebel kann man nur einen Fuß vorsichtig vor den anderen setzen. Oder?

Für diese 3., erweiterte Auflage haben wir den Untertitel leicht angepasst. Er lautet nun: Innere Klarheit für chaotische Zeiten. Ein hohes Ziel. Lässt sich das eigene Leben in diesen volatilen, unsicheren, komplexen und mehrdeutigen Zeiten planen? Macht es aktuell überhaupt Sinn, sein Leben zu planen, sich Ziele zu setzen und nach etwas zu streben? Kann man sich unter diesen chaotischen Umständen selbst führen? Dieses Buch zeigt Wege auf, wie man sich selbst auf die Schliche kommen kann, was bedeutsam ist und mit welchen Mitteln man diesen bedeutsamen Lebensthemen etwas mehr Platz im eigenen Alltag einräumen kann. Es unterscheidet sich in der Haltung fundamental von herkömmlichen Selbstmanagementratgebern und endet nicht in einer Rezeptsammlung für ein besseres Leben, auch wenn es genau das ist, was am Ende der Reise daraus hervorgehen kann.

Die herkömmliche Literatur zum Selbstmanagement ist geprägt von dem, was wir *Ziel-Weg-Ansatz* nennen. »Du musst Dir Ziele setzen im Leben!« oder »Nur wer das Ziel kennt, kann seine Segel richtig setzen« heißt es in zahlreichen Selbsthilfebüchern. Wer abnehmen oder eine sportliche Höchstleistung erzielen will, wer einen Karriereschritt machen möchte oder gleich sein ganzes Leben glücklich gestalten will, der sollte sich Ziele setzen und den Weg zielstrebig und konsequent gehen. Der Ziel-Weg-Ansatz scheint so klar wie einfach, er ist verlockend und nachvollziehbar. Der Ziel-Weg-Ansatz unterliegt allerdings der Annahme, dass die Rahmenbedingungen konstant bleiben und die Zukunft planbar ist. Mag dies auf zeitlich begrenzte und isolierte Einzelprojekte eventuell noch zutreffen, so müssen wir in unserer volatilen, unsicheren, komplexen und mehrdeutigen Welt davon ausgehen, dass sich die Rahmenbedingungen immer wieder verändern und die Zukunft nicht planbar ist.

Herkömmliche Ziel-Weg-Ansätze des Selbstmanagements werden den Anforderungen einer volatilen, unsicheren, komplexen und mehrdeutigen Gesellschaft nicht gerecht. Sie versagen in chaotischen Zeiten.

Die herkömmlichen Ziel-Weg-Ansätze sind gefährlich für das Selbstbewusstsein, weil sie eine Eindimensionalität vorgaukeln, wo Komplexität vorherrscht, und weil sie die Einflussmöglichkeiten des Einzelnen auf seine Zukunft überschätzen im Vergleich zur Bedeutung der Umwelt- und Kontexteinflüsse. Dem Einzelnen wird die Rolle des Schmiedes des eigenen Glücks zugewiesen und damit die gesamte Verantwortung für das Gelingen des eigenen Lebens. »Siehe, es ist doch so einfach!«, schallt es uns entgegen. Will sich das Glück dann doch nicht einstellen, geht das Selbstvertrauen auf Talfahrt.

Was wäre denn eine Alternative zu den bisherigen Ziel-Weg-Ansätzen in einer volatilen, unsicheren, komplexen und mehrdeutigen Welt, um sich selbst zu führen? In der Führungsforschung hat sich die Haltung der transformationalen Führung gegenüber der sogenannten transaktionalen Führung als überlegen erwiesen und etabliert. Die *transformationale Führung* zeigt ihre Wirkung insbesondere unter schwer planbaren und dynamischen Umweltbedingungen. Was – empirisch eindrücklich belegt – in der Führung von anderen Menschen wirkungsvoll ist, kann auch in der Führung von uns selbst gelingen.

Die empirische Führungsforschung liefert wertvolle Erkenntnisse, die in diesem Buch auf das Führen von uns selbst angewendet werden.

Wir haben unsere Vorlesungen und Seminare zur Selbstführung vor zehn Jahren im Sinne der transformationalen Führung umgestellt und seitdem mit neuen Übungsformen experimentiert. Mit der ersten Auflage dieses Buches im Jahr 2016 stellten wir die Idee und unsere wirkungsvollsten Übungen zur Selbstführung erstmals öffentlich vor. Seitdem hatten wir zahlreiche Gelegenheiten, die Idee der transformationalen Selbstführung mit vielen Menschen weiter zu diskutieren und zusätzliche Experimente und vertiefende Übungen zum Training der eigenen Selbstführung zu erproben.

Zahlreiche Teilnehmende unserer Vorlesungen, Coachings und Workshops zur Selbstführung berichteten uns, dass sie teilweise noch Jahre nach der ersten Auseinandersetzung mit den Kernelementen der transformationalen Selbstführung eine innere Klarheit besitzen, welche ihnen hilft, auch in den Unwägbarkeiten unserer chaotischen Zeiten kraftvoll voranzukommen und sich selbst zu führen. Dank der praktischen Trainingserfahrungen und mit Hilfe von vielen Feedbacks konnten wir den Übungsteil dieses Buches ab Kapitel 4 weiter schärfen. Wir laden ein, die Übungen alleine oder mit Hilfe eines guten Gesprächspartners zu durchlaufen und darüber eine innere Klarheit zu entwickeln, die der Wegweiser für die Selbstführung ist, auch in chaotischen Zeiten.

Dieses Buch wird mit jedem Kapitel konkreter, ohne aber in Vorschriften oder Handlungsanweisungen zu enden. Es ist ein Buch, um sich selbst auf die Schliche zu kommen und Freude an der eigenen Entwicklung zu entdecken.

Dieses Buch nimmt Anleihen aus der empirischen Führungsforschung und wendet diese gesicherten, wissenschaftlichen Erkenntnisse auf das Führen von uns selbst an. Es ist daher ein Buch, das sich an alle Menschen richtet, die Verantwortung und Führung für ihr eigenes Leben übernehmen wollen, und dies sind ausdrücklich nicht nur Führungskräfte. Gerade auch in Zeiten von New Work und einem steigenden Grad an Arbeitsautonomie sehen sich immer mehr Menschen mit der Herausforderung konfrontiert, eigenständig Schwerpunkte und Prioritäten zu setzen und für sich eine sinnvolle Gestaltung der eigenen Arbeitswelt zu erreichen. Zudem werden wir in diesem Buch generelle gesellschaftliche Entwicklungen nachzeichnen, aus welchen einerseits mehr individuelle Freiheiten resultieren, andererseits aber auch viel Verantwortung auf die Selbstführung des Einzelnen verlagert wird. Mit diesem Buch sollen die Freude und Inspiration gestärkt werden, die Gestaltungsmöglichkeiten des eigenen Lebens zu sehen und Lust auf eine gelingende Selbstführung zu bekommen.

Wie genau ist dieses Buch nun aufgebaut? Wir starten im ersten Kapitel dieses Buches mit der Analyse der Umweltbedingungen und der komplexen Anforderungen, vor welche uns der Lebensalltag regelmäßig stellt, und greifen dann im zweiten Kapitel auf die aktuellen Erkenntnisse der Führungsforschung zurück: Über fünf Jahrzehnte hinweg haben Forschungsteams weltweit nach effektiven Formen der Mitarbeiter- und Unternehmensführung gesucht, welche sich auch insbesondere in unsicheren Zeiten des Wandels und der Veränderung bewähren. In zahlreichen empirischen Untersuchungen und entsprechenden Metastudien wurde die Überlegenheit eines sogenannten transformationalen Führungsstils gegenüber herkömmlichen Command-and-Control-Ansätzen gezeigt.

Ab dem dritten Kapitel wenden wir die Erkenntnisse aus der Führungsforschung schließlich auf das Führen von uns selbst an und geben Empfehlungen und Hilfestellungen, um sich selbst besser zu erkennen und die eigenen nächsten Schritte in die gewünschte Richtung zu lenken. Und dies ist der eigentliche Grund, warum wir uns als Führungsforscher und Coach von Führungskräften und Trainerteams im Spitzensport dem Thema Selbstführung zugewendet haben. Wir sind beim Thema »Führen von anderen« gestartet und beim Thema »Führen von uns selbst« angekommen. In unseren Führungstrainings waren die wahrhaftigen Momente immer solche, die etwas bei den Führungskräften selbst ausgelöst haben, die sie zum Nachdenken gebracht, sie näher an die ihnen relevanten Themen herangeführt haben. Uns wurde klar, dass der Suchprozess nach den bedeutsamen Themen im eigenen Leben einen Wert an sich hat. Wir glauben nicht, bessere Antworten zu haben, welche nicht bereits an anderer Stelle veröffentlicht worden wären, aber wir sehen, welche Wirkung die richtigen Fragen auslösen können, um sich selbst auf die Schliche zu kommen. Mit diesem Buch teilen wir unsere Erfahrungen über wirksame Vorgehensweisen und Suchprozesse, welche dazu führen können, sich selbst über die relevanten, bedeutsamen Lebensthemen klarzuwerden und diesen Stück für Stück mehr Anteil an der eigenen Lebenszeit einzuräumen.

Wir wünschen Ihnen Freude und Inspiration!

Marcus Heidbrink und *Sebastian Debnar-Daumler*

Köln und Berlin, im September 2023

1 Die Rahmenbedingungen für Selbstführung

In diesem ersten Kapitel analysieren wir die Rahmenbedingungen unserer modernen Gesellschaft und beschreiben, welche Anforderungen daraus für uns erwachsen. Wir diskutieren die folgenden Fragen: Welche gesellschaftlichen Trends erkennen Soziologen und welche Entwicklungsrichtung nimmt unsere westliche Gesellschaft in den Augen der führenden Soziologen über die letzten Jahrzehnte hinweg? Welche Auswirkungen haben die gesellschaftlichen Rahmenbedingungen für das Gelingen des eigenen Lebens und welche Herausforderungen sind für den Einzelnen damit verbunden? Was bedeutet es, in unsicheren, wenn nicht sogar chaotischen Zeiten zu leben? Ist es vor dem Hintergrund der erschwerten Vorhersagbarkeit und Planbarkeit der Zukunft überhaupt möglich, sich selbst zu führen? Warum greifen bisherige Ziel-Weg-Ansätze des Selbstmanagements zu kurz angesichts der gegenwärtigen gesellschaftlichen Trends? Unter welchen Bedingungen kann Selbstführung dennoch Sinn ergeben und gelingen?

Wir starten dieses Buch über Selbstführung mit einem Blick weg von uns selbst. Wir schauen zunächst auf den Kontext, auf die Umweltbedingungen, in denen jeder von uns gefragt ist, sich selbst zu führen. Dabei wollen wir nicht Verantwortung vom Einzelnen nehmen oder uns als Opfer der Umstände stilisieren. Es geht vielmehr darum, zu vergegenwärtigen, dass Selbstführung in den heutigen Zeiten kein einfaches Unterfangen ist und wir Antworten in der Führung von uns selbst suchen und finden müssen, die den neuen Herausforderungen gerecht werden.

Während auf der einen Seite die Unsicherheiten zunehmen und damit die Planbarkeit der Zukunft abnimmt, liegt andererseits den heute üblichen Methoden des Managements die Annahme zugrunde, dass die Rahmenbedingungen stabil bleiben und die Zukunft planbar ist. Wir nutzen also im Management noch immer die Methoden zur Führung von Menschen und zur Steuerung von Systemen, welche sich immer wieder und zunehmend häufiger als irreführend und unangemessen erwiesen haben. Wir verdichten die Anforderungen und reagieren auf die gesteigerten Erwartungen mit einem Mehr des Bekannten. Wiederholung und höhere Intensität also dort, wo Flexibilität und eine andere Qualität gefragt wären; diese Steigerungshaltung des Mehr-vom-Gleichen führt in eine Sinnentleerung, Erschöpfung und Entmenschlichung der Systeme.

In der Unternehmensführung dominieren Führungs- und Steuerungsmodelle, die von konstanten Rahmenbedingungen und einer Planbarkeit der Zukunft ausgehen.

Diese Modelle haben sich in unseren Zeiten des Wandels zunehmend als irreführend erwiesen, werden aber aus Mangel an Alternativen weiterhin angewendet.

In der Selbstführung verhält es sich genauso wie in der herkömmlichen Managerausbildung. Uns wird suggeriert, wie bedeutsam es ist, sich Ziele zu setzen und konsequent danach zu streben. Erfolgsgeschichten von Selfmade-Millionären, von Spitzensportlern oder Topmodeln führen uns regelmäßig vor Augen, was mit Disziplin und ein wenig Opferbereitschaft zu erreichen ist. Es gilt, die Chancen zu nutzen und das Beste aus seinem Leben zu machen.

Diese herkömmlichen Ziel-Weg-Ansätze des Selbstmanagements führen aus mehreren Gründen in die Irre. Erstens gaukeln diese Ansätze eine lineare Einfachheit vor, die in der Praxis nie funktioniert. Im wahrsten Sinne »kommt das Leben dazwischen«, in Wirklichkeit sind Pläne nie 1:1 umsetzbar. Zweitens verlangen die herkömmlichen Ziel-Weg-Ansätze nach einer konsequenten Ausführung, was den beteiligten Menschen als Ausführungselement zu einer fortwährenden Fehlerquelle verkommen lässt; Menschen müssen kontrolliert, mit Sanktionsmechanismen und Drohungen dazu gebracht werden, den Plan umzusetzen, kurzum: Die gesamte Kommunikation dreht sich nur um Sollabweichungen und kippt ins Negative. Mit der Stimmung geht das Selbstvertrauen gleich mit auf Talfahrt. Wir alle kennen diesen Ablauf beispielsweise ab der gutgemeinten Anmeldung im Fitnessstudio oder wann auch immer unsere besten Vorhaben gestartet und nach einigen Wochen dann doch stillschweigend wieder aufgegeben und damit als Scheitern empfunden werden.

Genauso wie sich in der Führungsforschung und der Ausbildung von Führungskräften Ansätze durchgesetzt haben, welche den wechselhaften Rahmenbedingungen und der Notwendigkeit einer kontinuierlichen Weiterentwicklung und Transformation besser Rechnung tragen, so muss auch in der Selbstführung eine Weiterentwicklung jenseits der herkömmlichen Ziel-Weg-Ansätze erfolgen. Genau diesen Schritt gehen wir mit der in diesem Buch vorgeschlagenen transformationalen Selbstführung. Die in diesem Kapitel nun nachfolgend skizzierten gesellschaftlichen Rahmenbedingungen lassen die Notwendigkeit einer transformationalen Selbstführung noch zwingender erkennen.

Freiheit und Verantwortung

Die deutschsprachigen Länder zählen tatsächlich zu den durchlässigsten Gesellschaften der Welt. Mit Bildung, ein wenig Talent und viel Arbeit lässt sich das Leben schon meistern – so die klare Botschaft an die nachwachsenden Generationen. Die Verantwortung, die dabei auf den Schultern des Einzelnen abgeladen wird, ist enorm und für manchen auch beängstigend. Die Chancen und Freiheiten unserer Gesellschaft, die niemand missen möchte, sind die eine Seite. Die alleinige Verantwortung des Einzelnen für das Gelingen des eigenen Lebens ist die andere Seite. Die *Eigenverantwortung* wird immer gleich mitgedacht; Freiheit und Verantwortung sind zwei Seiten derselben Medaille.

Individuelle Freiheit und Eigenverantwortung sind zwei Seiten derselben Medaille; sie sind nur im Tandem zu haben.

Eine freie Gesellschaft zeichnet sich durch Wahlmöglichkeiten aus. Der Schweizer Soziologe Peter Gross hat das in seinem Buch über die Multioptionsgesellschaft anschaulich beschrieben (P. Gross, 1994). Wenn ich als Einzelner an eine Weggabelung komme, besteht jedes Mal die Gefahr, dass ich mich für den falschen Weg entscheide. Manchmal genügen zwei oder drei Fehlentscheidungen, um sich in der Sackgasse des eigenen Lebens wiederzufinden. Was sich als *Freiheit* für den Einzelnen und Chancenreichtum einer Gesellschaft zunächst gut anhört, quält viele von uns durch einen kontinuierlichen Entscheidungszwang und die fortlaufende Gefahr des Falschabbiegens.

In Berufsberatungsgesprächen mit Studierenden haben wir die Erfahrung gemacht, dass nicht das Generieren von Berufseinstiegsoptionen gefragt ist, sondern dass die Studierenden unter der hohen Anzahl an Optionen leiden. Man will sich keine Tür verschließen, jeder Schritt in der Karriere sollte ganz im Gegenteil weitere Türen öffnen. Kaum im Job, wechselt man dann gerne rasch wieder, um nichts zu verpassen. Der Druck, unter dem junge Berufstätige im ersten Drittel ihres Berufslebens stehen, ist enorm. Die *Multioptionsgesellschaft* fordert ihren Tribut.

Enttraditionalisierung und Individualisierung

Wir sind »Autoren« unserer eigenen Bastelbiographie, aber auch selbst schuld, wenn das Leben nicht so gelingt, wie es sein soll. Die Deutungshoheit der ehemals großen gesellschaftlichen Entitäten wie der Familienverbund, soziale Milieus, Kirchen, Staat oder Parteien hat in den zurückliegenden Jahrzehnten stetig abgenommen, was wiederum dem Einzelnen zur freien Entfaltung verhilft. Gleichzeitig zwingt diese *Enttraditionalisierung* aber auch den Einzelnen, sich kritisch mit sich selbst, den eigenen Werten und Wahrheiten auseinanderzusetzen, was keine leichte Aufgabe ist in dem vielstimmigen Chor der Möglichkeiten.

Während die Bedeutung von herkömmlichen Werten zunehmend angezweifelt wird, wird dem Streben nach einem glücklichen eigenen Leben eine hohe Bedeutung beigemessen. Es geht um Selbstbestimmung und Autonomie, um Glück und Zufriedenheit, um Gesundheit und um Selbstverwirklichung. Stets basteln wir an uns selbst und versuchen, das Beste aus diesem einen Leben zu machen. Wir dürfen dabei keine Zeit verlieren; Lebenszeit zu verschwenden wäre fatal. In diesem Sinn sind wir nicht nur unseres eigenen Glückes Schmied, sondern regelrecht zum Glücklichsein verdammt. Die Selbstzweifel steigen, wenn sich das Glück nicht dauerhaft einstellen will.

Mit der Annahme, dass es nur ein Leben gibt – und dieses vor dem Tod stattfindet –, unterwerfen wir uns einem Zeitdruck und dem Zwang, das Beste aus diesem einen Leben herauszuholen.

Die Enttraditionalisierung hat zu mehr *Selbstbestimmung* des Einzelnen geführt und gibt Freiheit bei der Wahl des Weges. Die Vielfalt der Lebensformen in unserer Gesellschaft ist ein Ausdruck davon. Allerdings darf das Individuum nicht nur das Wie des Lebens selbst bestimmen, sondern ist auch bei der Beantwortung der Frage nach dem Wozu des Lebens auf sich selbst gestellt.

Das Streben nach Sinn und Erfüllung

Der KZ-Überlebende und Begründer der *Logotherapie*, Viktor Frankl, bezeichnete die Sinnentleerung als *die* psychische Krankheit der Moderne (z.B. V. E. Frankl, 2013). Er geht davon aus, dass sich früher oder später im Leben jeder Mensch die Frage nach dem Wozu des Lebens stellt und viele darunter leiden, den einen, strahlenden Zweck für sich nicht zu finden. Was kann unserem ganzen hiesigen Streben einen Sinn geben?

Für Viktor Frankl war klar, dass der Mensch seinen Sinn finden muss. Allerdings betonte er auch, dass ein Sinn nicht produziert oder vorsätzlich geschaffen werden kann. Es geht vielmehr darum, die individuell für sich selbst richtige Antwort zu finden. Er grenzte sich in seinem Werk explizit gegen das von Abraham Maslow entwickelte Konzept der *Selbstverwirklichung* ab, weil er annahm, dass ein Lebensfokus mit dem Ziel der Selbstverwirklichung den Blick auf uns selbst lenkt. Nach Frankl stellt aber gerade die Zuwendung zu anderen eine bedeutsame Sinnquelle dar. Maslow beendete 1966 den akademischen Streit in einem Artikel mit dem Fazit: »Dr. Frankl is right« (A. H. Maslow, 1966).

Auch Friedrich Nietzsche wusste, dass vieles leichter von der Hand geht, wenn man Sinn findet: »Hat man sein Warum des Lebens, so verträgt man sich fast mit jedem Wie.« In der Tat können sogar schwierige Erlebnisse oder eine länger andauernde Leidenszeit für einen selbst Sinn machen. Doch was ist zu tun, wenn man sein Wozu des Lebens noch immer nicht für sich gefunden hat?

In einer von uns durchgeführten Studie mit Topmanagern zum Erleben und Verarbeiten einer eigenen Entlassung berichteten uns die Probanden eindrücklich von ihren intensiven Erfahrungen. Vielfach löste eine ungewollte berufliche Umbruchphase im letzten Berufslebensdrittel einen Suchprozess aus, der tiefgreifend und von dem Wunsch nach einem sinnerfüllten Tun geprägt war (S. Debnar-Daumler et al., 2016). In zahlreichen Fällen orientierten sich die Topmanager nach ihrer Entlassung in eine für sie neue Richtung, die ihnen mehr Erfüllung versprach als die bisherige Karriere. Weitere Informationen zu dieser Studie finden sich unter dem Stichwort der Selbstkomplexität in Kapitel 3.2.3.

Das Streben nach einem sinnvollen und erfüllten Leben geht quer durch die Generationen und ist kein Exklusivrecht der Generationen Y und Z.

Wir betrachten das Streben nach Sinn und Erfüllung als ein charakteristisches Merkmal der vielfach beschriebenen Generation Y, also der Generation, die nach dem »Why«, dem Wozu, fragt. Der sogenannten Generation Y werden vor allem Merkmale wie die Suche nach dem Sinn im privaten und beruflichen Tun, der Wunsch nach Internationalität und das Streben nach Selbstverwirklichung zugeschrieben. Status und finanzielle Anreize rücken in den Hintergrund, der Spaß an der Aufgabe rückt in den Vordergrund.

In Bezug auf die nachfolgende Generation Z, also die nach 1999 Geborenen, wird eine noch stärkere Werteorientierung unterstellt im Sinne eines starken Wunsches, die Welt zu verbessern. Die Generation Z ist die erste Generation, deren Mitglieder sich wirklich als digitale Eingeborene bezeichnen können, sie ist es gewohnt, ihr gesamtes Leben vom Handy aus managen zu können. Die sogenannten Genzies haben den Klimawandel als die zentrale Bedrohung unserer Zeit und die menschliche Ohnmacht, mit dieser Herausforderung umzugehen, quasi mit der Muttermilch aufgesogen. Materielle Hoffnungen auf ein besseres Leben als ihre Eltern- oder sogar Großeltern-Generation hegt diese Generation schon nicht mehr; man weiß um die Endlichkeit von materiellem Erfolg und strebt erst gar nicht danach. In vielen Firmen führt dies zum Clash der Generationen, weil der Eindruck entsteht, die Generation Z wolle gar nicht richtig arbeiten. Für viele Babyboomer und Angehörige der Generation X war es wichtig, materiell abgesichert zu sein, eine eigene Immobilie zu bewohnen und die Altersvorsorge gesichert zu wissen. All das erscheint den Genzies vollkommen irreal, denn wer könnte sich denn überhaupt angesichts der vorherrschenden Immobilienpreise jemals ein Eigenheim leisten – da wird lieber gleich abgewunken und versucht, dem Leben einen Sinn zu entlocken, häufig eben in der Freizeit außerhalb eines regulären Jobs.

Doch entgegen der abgrenzenden Einteilung der Generationen finden sich Bedürfnisse wie das Streben nach Sinn und Selbstverwirklichung oftmals auch bei Menschen aus älteren Generationen wieder. So ist zu diskutieren, ob es sich bei den Merkmalen, die den Generationen Y und Z zugeschrieben werden, nicht doch eher um einen übergreifenden gesellschaftlichen Trend handelt, der ähnlich wie die Multioptionalität und die Enttraditionalisierung unsere Gesellschaft kennzeichnet. Florian Feltes, ein Vertreter der Generation Y, fand in seiner Studie über das Führungsverhalten der unterschiedlichen Generationen eher Ähnlichkeiten als Unterschiede zwischen den Generationen (F. Feltes, 2018).

Aus dem Wunsch der Generationen Y und Z nach einem sinnerfüllten Leben erwächst kein exklusives Anrecht der Jungen; vielmehr beobachten wir dieses Streben quer durch alle Altersgruppen, vielleicht in späteren Lebensjahren sogar verstärkt. Wenn der Begriff Wertewandel gerechtfertigt sein soll, dann in diesem Zusammenhang: Für viele von uns stellt ein Leben, das Sinn ergibt und Erfüllung verspricht, ein hohes Gut, einen Wert, dar. Für etwas Wertvolles ist man auch bereit, einen Preis zu bezahlen, beispielsweise in Form von weniger Planbarkeit, weniger Kontrolle oder weniger materieller Absicherung. Wie eine empirische Auswertung von uns mit den Daten von knapp einer halben Million deutscher Arbeitnehmer ergeben hat, ist man heute bereit, auf Gehalt zu verzichten, um im Gegenzug mehr Wertschätzung, Fairness und Kollegialität am Arbeitsplatz zu erfahren (M. Meckel & M. Heidbrink, 2022). Eine ähnliche Studie in den USA (Workforce Purpose Index, 2019) kommt zu dem Schluss, dass Arbeitnehmer im Durchschnitt auf 23 % ihres Gehaltes verzichten würden, wenn sie im Gegenzug ihre Arbeit als sinnvoll und die Zusammenarbeit mit ihren Teamkollegen als erfüllend erleben würden. Mit anderen Worten: Immer weniger Menschen sind bereit, sich das Wohlbefinden am Arbeitsplatz, gute Kollegialität und das Empfinden, einer sinnvollen Beschäftigung nachzugehen, mit Geld abkaufen zu lassen.

Narzissmus

Das Gelingen des eigenen Lebens gilt heute für viele als nicht zu hinterfragende Zielsetzung. Für die jüngeren Generationen ist dabei zunehmend schwerer zu trennen zwischen einem psychologisch betrachtet gesundem Streben nach Lebenszufriedenheit und einem auf Dauer ungesunden Verlangen nach dem Außerordentlichen, nach der über allem Durchschnitt stehenden und bewunderten Meisterschaft. Aus den Wahlmöglichkeiten ist für viele ein Imperativ geworden: Du musst das Außergewöhnliche und Besondere schaffen, nur durchschnittlich zufrieden zu sein genügt nicht!

In einer bundesweiten Studie unter knapp 10.000 Deutschen haben wir das Ausmaß der narzisstischen Neigung gemessen. Narziß war in der griechischen Mythologie ein umworbener Jüngling, der angesichts seiner Selbstverliebtheit und des Kreisens um sich selbst keine Umwelt wahrnahm. Es kursieren unterschiedliche Varianten der Geschichte von Narziß, aber alle enden fatal. Die Neigung zum Narzißmus bei der Generation der heute unter 30-Jährigen ist im Durchschnitt etwa doppelt so hoch wie die der über 60-Jährigen (M. Heidbrink et al., 2021); es gibt einen linear abnehmenden Trend über die Altersgruppen hinweg. Großangelegte Studien in den USA zeigen, dass die heute 25-Jährigen deutlich häufiger Symptome einer narzisstischen Persönlichkeitsstörung zeigen als diejenigen, die um die Jahrtausendwende 25 Jahre alt waren (W.K. Campbell & C. Crist, 2020). Der amerikanische Gesundheitsforscher Keith Campbell bezeichnet Narzissmuss als eine der größten psychologischen Herausforderungen unserer Zeit. Woher kommt das?

Die seit Jahrzehnten beobachtbare Individualisierung wird weiter gesteigert. Das Zurückgeworfensein auf sich selbst rückt narzisstische Bedürfnisse in den Vordergrund beziehungsweise die Wege zur Befriedigung narzisstischer Bedürfnisse sind heutzutage allgegenwärtiger. In sozialen Medien gibt es die Möglichkeit, ein idealisiertes Selbstbild zu präsentieren. Eine eigene große Reichweite wird zum Merkmal des ökonomischen Wertes und die Anzahl der Follower zum Indikator des eigenen Selbstwertes.

Die Möglichkeit, sich zu vergleichen, erhöht aber auch den Selbstoptimierungsdruck. Mit viel Energie am Gelingen des eigenen Lebens zu arbeiten, ist für viele selbstverständlich geworden. Und es verlangt viel Zeit und Energie – da muss schon etwas Besonderes draus werden!? Das Streben nach Selbstverwirklichung ist letztlich aber ich-bezogen, egozentrisch. Anders als Abraham Maslow, der die Selbstverwirklichung zunächst an die oberste Stelle seiner Bedürfnispyramide stellte, betonte Viktor Frankl wie bereits benannt stets, dass der Frieden darin liege, die Egozentrik zu überwinden und Sinn in Beziehungen zu finden. Diese Beziehungen können entweder zu einem Menschen oder zu einer Aufgabe sein, es wird aber wohl immer etwas sein, das wirklich über einen selbst hinausgeht. Der Grad zwischen egozentrischer Selbstoptimierung und sinnstiftender Selbstführung ist schmal. Womöglich ist der Unterschied, in der Hinwendung zu anderen beziehungsweise anderem etwas zu finden, was uns ermöglicht, darüber den Blick auf uns selbst zu ergänzen mit etwas, das über uns selbst hinausgeht.

Die v.u.k.a.-Welt

Die sogenannten gesellschaftlichen Megatrends der Optionierung und Freiheit und der Individualisierung und Enttraditionalisierung sind über Jahrzehnte hinweg beobachtbar und verändern den Kontext der Selbstführung stetig. Jedoch sind diese Veränderungen nicht so offensichtlich wie einige kurzfristige Entwicklungen der vergangenen Jahre, die viele als verunsichernd oder beängstigend erleben. Die aktuelle Erlebenswelt wird von amerikanischen Soziologen als *v.u.k.a.-Welt* bezeichnet, wobei v für volatil, u für unsicher, k für komplex und a für ambivalent und Mehrdeutigkeit steht. Eine gute Beschreibung der v.u.k.a.-Welt Anforderungen findet sich bei Oliver Mack (O. Mack et al., 2016).

Mit *volatil* werden flüchtige und sich leicht verändernde Zustände bezeichnet. Die Zyklen, in denen Veränderungen stattfinden, beschleunigen sich, das Wissen nimmt exponentiell zu, die Veränderung wird als einzige Konstante betrachtet.

Unsicher ist unsere Erlebenswelt unter anderem wegen Naturkatastrophen, Terror, Krieg oder Währungs- und Wirtschaftskrisen. Die Prognosen von heute sind morgen bereits hinfällig. Die Wirtschaftsverläufe von Regionen, Staaten, Branchen oder Unternehmen sind nicht vorherzusehen.

Als kompliziert im Sinne von vielschichtig haben wir unsere Leben schon immer erlebt. Durch die Volatilität und Unsicherheit sowie durch einen exponentiellen Zuwachs an Wissen kommt nun noch eine Beschleunigungsdimension hinzu, welche unser Leben *komplex*, also vielschichtig und sich dynamisch verändernd macht. Der berühmte britische Physiker und Astronom Stephen Hawking bezeichnet das Beherrschen von Komplexität als die wichtigste Herausforderung unserer Zeit.

Der *Konstruktivismus* wurde in den letzten Jahren zunehmend zum Common Sense und hat kaum merklich, aber wirkungsvoll das Beil angelegt an liebgewonnene Glaubenssätze und vermeintliche Eindeutigkeiten. Es gibt so viele Weltsichten wie Menschen auf diesem Planeten. Eine Trennung in gut und schlecht, richtig und falsch fällt zunehmend schwer; Ambivalenz bzw. *Mehrdeutigkeit* dominiert und schafft zusätzlich Unsicherheit.

Einige der Hauptannahmen des Konstruktivismus beinhalten, dass die Wirklichkeit von den Menschen nicht gefunden, sondern erfunden wird. Alles, was wir wahrnehmen, wird von Persönlichkeitsmerkmalen, individuellen Erfahrungen und Erwartungen und dem aktuellen Wahrnehmungskontext beeinflusst. Wir konstruieren uns unsere Welten.

Ausgehend von diesen konstruktivistischen Annahmen gibt es nicht nur die eine Wahrheit oder den einen richtigen Weg, den es einfach nur zu erkennen und dann zu beschreiten gilt, sondern eine Vielzahl von potenziell richtigen Ansätzen und Sichtweisen. Das Beste, auf das wir hinarbeiten können, ist Konsenserfahrung, also eine mit anderen geteilte Wahrnehmung von richtig und falsch. Wir einigen uns mit Hilfe von Kommunikation auf ein scheinbar objektives Bild; dieses bildet die Basis für ein gesellschaftliches Miteinander.

Wenn uns bewusst ist, dass die bislang als unverrückbar geltenden Fundamente unseres Zusammenlebens durch Menschen festgelegte Konstruktionen sind, so sollte uns auch klar sein, dass sie auch von Menschen verändert werden können. Meinungen und Entscheidungen lassen sich auf mannigfache Weise hinterfragen, was zu Unklarheit, Verunsicherung und Angst führen kann. Letztlich resultiert aus einer mehrdeutigen Welt auch Unsicherheit im Hinblick auf das eigene Handeln.

Die sogenannte v.u.k.a.-Welt bringt das Gefühl der Verunsicherung mit sich, weil wir darauf ausgerichtet sind, Kontrolle über unser Leben und unsere Lebensumgebung zu entwickeln und auszuüben. Wenn Forscher Modelle entwickeln, reduzieren sie die Wirklichkeit. Sie suchen nach generell, also *immer*, gültigen Ursache-Wirkungs-Zusammenhängen. Uns faszinieren einfache Wenn-Dann-Lösungen. Wenn Manager Leitlinien, Pläne und Ziele vorgeben, reduzieren sie die Handlungsmöglichkeiten. Wenn wir uns selbst fokussieren, blenden wir Vielfalt aus. In allen Fällen geht es darum, die tatsächliche Vielschichtigkeit und Komplexität auf ein für uns zu beherrschendes Maß zu reduzieren.

Es ist menschlich, danach zu streben, Kontrolle über unser Leben und unsere Umwelt auszuüben. In unsicheren Zeiten scheitern wir jedoch zunehmend mit diesen Kontrollbemühungen.

Wenn die Welt verrückt spielt, wenn sie zunehmend v.u.k.a. wird, dann laufen unsere Versuche, Kontrolle auf uns und unsere Umwelt auszuüben, ins Leere. Die Anstrengungen verpuffen. Aus Mangel an Alternativen machen wir vom Gleichen mehr, nur noch intensiver. Die Spirale der schmerzvollen *Selbstdisziplinierung* steigert sich bis zur Erschöpfung.

Die Steigerung von v.u.k.a. ist Chaos.

Wenn ein Geschehen komplex ist, dann können Ursache und Wirkung nicht klar bestimmt werden. Nicht steuer- oder vorhersagbare Wechselwirkungen bestimmen das Geschehen. In einem gewissen Maß können wir das gut aushalten; wir haben uns mittlerweile an die Komplexität unserer Zeit gewöhnt, v.u.k.a. ist kein Aufreger mehr. Nimmt dieses Maß jedoch zu, dann erleben wir die Welt als chaotisch. Chaos übersteigt unsere Kapazität, Komplexität auszuhalten. Wenn die Komplexität eine Dynamik erreicht, die wir als chaotisch erleben, reagieren wir häufig mit Angst oder sogar Panik. Unser Grundbedürfnis nach Kontrolle und Orientierung kann nicht mehr erfüllt werden. Die daraus folgenden Überforderungsgefühle sind sehr unangenehm, und wir suchen automatisch nach neuen Orientierungspunkten.

v.u.k.a. oder b.a.n.i. – jetzt ist das Chaos komplett.

Im Jahr 2018 führte der amerikanische Zukunftsforscher Jamais Cascio ein ähnliches Modell wie v.u.k.a. in die gesellschaftliche Diskussion ein. Wie er selbst sagt, erschien ihm die durch die für unmöglich gehaltene Wahl von D. Trump zum amerikanischen Präsidenten entstandene Wirklichkeit mit v.u.k.a. alleine nicht hinreichend beschrieben. Er machte insbesondere die Ängste der Bevölkerung, welche durch den Zerfall scheinbar für fest und überdauernd gehaltener Werte und Institutionen und das Gefühl der Nicht-Nachvollziehbarkeit von gesellschaftlichen Entwicklungen entstanden sind, verantwortlich für die Wahl von Trump.

B.a.n.i. ist dabei genau wie im v.u.k.a.-Modell die Abkürzung für vier Adjektive, mit denen versucht wird, die gesellschaftliche Wirklichkeit treffend und umfassend auf den Punkt zu bringen. Diese vier Adjektive sind brittle (brüchig), anxious (ängstlich, angsterfüllt), non-linear (nicht-linear) und incomprehensible (unverständlich, unbegreiflich).

Mit *brüchig* werden Gegenstände oder Zustände bezeichnet, die zwar scheinbar stabil und überdauernd wirken, dann aber doch völlig unerwartet und rasend schnell in sich zusammenbrechen können. Auch ganze Staaten, politische Machtgefüge und öffentliche Strukturen wie zum Beispiel das Banken- oder Gesundheitswesen können in rasender Geschwindigkeit dominoartig vor unseren Augen zusammenbrechen; nichts scheint mehr wirklich verlässlich und beständig.

Die *Ängstlichkeit* nimmt zu und wird zum beherrschenden Gefühl. Durch die globale Vernetzung nimmt man eine größere Abhängigkeit von Dritten an, auf die man kaum Einfluss hat. Daraus resultiert das Gefühl der Ohnmacht, und eine generell angenommene Besorgnis wird weiter gesteigert. In der Spitze kann dies zur Handlungsparalyse führen; man wird zum Opfer der Umstände und sieht aus dieser Opferperspektive heraus nun noch weniger Handlungsoptionen.

Die *Nicht-Linearität* im b.a.n.i.-Modell wird weitgehend repräsentiert in dem Aspekt der Komplexität der v.u.k.a.-Welt. Wie oben beschrieben, sind Ursache-Wirkungs-Zusammenhänge nicht direkt durchschaubar, weil die meisten Sachverhalte unseres gesellschaftlichen Lebens komplex, also vielschichtig und sich dynamisch verändernd sind. Besonders schmerzhaft erfährt man dies, wenn große Anstrengungen (mit herkömmlichen, in der Vergangenheit erfolgreichen Methoden) unternommen werden, diese aber in der heutigen Zeit der nicht-linearen Zusammenhänge nur minimale oder keine Effekte erwirken. Daraus erwächst schnell das ohnmächtige Gefühl, keine Lösung, keine Handhabe zu haben und nicht zu wissen, was man denn jetzt noch unternehmen könnte.

Das i im b.a.n.i.-Modell steht für incomprehensible, also für *unverständlich*, unbegreifbar. Im v.u.k.a.-Modell wird dies mit dem a für ambigous, also mehrdeutig, repräsentiert. In einer mehrdeutigen, unverständlichen Welt müssen wir akzeptieren, dass es eine Vielzahl von Perspektiven und konstruierten Wirklichkeiten gibt und wir Entwicklungen beobachten, die uns falsch und widersprüchlich, zumindest aber unlogisch und unverständlich erscheinen. Von der Unbegreifbarkeit zur Fassungslosigkeit ist es dann nur noch ein kleiner Schritt; die Frustration folgt auf den Fuß.

Ob v.u.k.a. oder b.a.n.i., für uns sind beide Modelle zur Beschreibung unserer gesellschaftlichen Megatrends hilfreich und gültig. Sie helfen uns, politische Konflikte und öffentliche Auseinandersetzungen in einen größeren Zusammenhang einzuordnen und als Ausdruck von grundlegenden Entwicklungen unserer Zeit zu verstehen. Beiden Modellen sind offenkundig viele Aspekte gemein, manche lassen sich sogar als Synonyme verwenden beziehungsweise direkt ineinander überführen. In der Folge werden wir in diesem Buch zugunsten der besseren Lesbarkeit nur den Begriff v.u.k.a. verwenden. Dieser steht für uns als Kürzel für die gesellschaftlichen Rahmenbedingungen, wie wir sie in diesem einleitenden Kapitel sortiert und skizziert haben, und welche wir bei der Frage nach einer effektiven Selbstführung als Kontext berücksichtigen müssen.

Dieses Buch ist aus der Überzeugung heraus geschrieben, dass bewusste Selbstführung und innere Klarheit heutzutage wichtiger sind denn je. Wir erheben für uns nicht den Anspruch und glauben wirklich nicht, dass wir wüssten, was das richtige, gute, sinnvolle Leben für jeden von uns wäre. Wir glauben jedoch daran, dass Bewusstheit und Klarheit wertvoll sind. Und wir sind überzeugt vom Wert eines bewussten Suchprozesses, eines Suchprozesses zu der Frage: In welche bedeutsamen Bereiche, Themen oder Fragen meines Lebens will ich meine Lebensenergie investieren – und in welche nicht?

Zusammenfassend dargestellt sehen wir eine freiheitlich-pluralistische Gesellschaft, die Chancen bietet, Autonomie und ein selbstbestimmtes Leben zulässt, Wahlmöglichkeiten vorsieht und individuelle Lösungen und vielfältige Lebensformen hervorbringt. Diese Freiheiten bringen Eigenverantwortung und Entscheidungszwänge mit sich, verlangen vom Einzelnen, sich explizit mit den eigenen Werten und Lebenszielen auseinanderzusetzen, und legen nahe, die vorhandenen Chancen zu nutzen, das Beste aus dem eigenen Leben zu machen und glücklich zu werden.

Stehen auf der einen Seite die hohen Ziele und Ansprüche an das Gelingen des eigenen Lebens, ergibt sich durch die v.u.k.a.- bzw. b.a.n.i.-Welt, dass langfristige Planungen und konkrete Zielsetzungen angesichts der zunehmend volatil-zerbrechlichen, unsicheren und verängstigenden, komplexen und nicht linearen, schwer erklärbaren und mehrdeutigen Rahmenbedingungen zwecklos erscheinen. Wie soll man sein Leben dann zielgerichtet führen können?

Es drängt sich die Frage auf, ob beziehungsweise wie in diesen unsicheren Zeiten überhaupt eine aktive (Selbst-)Führung stattfinden kann.

Glücklicherweise gibt es in der Führungsforschung bereits seit mehreren Jahren intensive Bemühungen, Antworten zu finden auf die Frage nach effektiver Führung in Zeiten des Wandels. Wir nutzen die empirischen Erkenntnisse dieser weltweiten Forschungsbemühungen und betrachten in dem sich nun anschließenden zweiten Kapitel zunächst isoliert die aktuell diskutierten Führungsstile mit ihren Vor- und Nachteilen für das Führen von anderen Menschen. Die Quintessenz aus dem Stand der Führungs- und Organisationsforschung nutzen wir dann in den darauffolgenden Kapiteln für das Finden von neuen Antworten auf die Frage nach einer möglichen aktiven Selbstführung in unserer volatilen, unsicheren, komplexen, mehrdeutigen und vielfach chaotischen Welt.

2 Der transaktionale und der transformationale Führungsstil

Dieses zweite Kapitel ist eine Zusammenfassung der Erkenntnisse der aktuellen Führungsstilforschung. Es geht hierbei zunächst um Fragen der effektiven Führung von Mitarbeitern. Die in diesem zweiten Kapitel vorgestellten Handlungen und Haltungen von Führungskräften werden ab dem dritten Kapitel auf das Führen von uns selbst übertragen. Im Einzelnen gehen wir in diesem zweiten Kapitel auf die folgenden Fragen ein: Was ist der momentane Stand der Führungsstilforschung und was verbirgt sich hinter den aktuell vieldiskutierten Begriffen der transaktionalen und transformationalen Führung? Was sind die Vor- und Nachteile dieser Führungsstile und welche eignen sich besser zum Führen von Teams und Mitarbeitern in unsicheren Zeiten? Welche Führungsherausforderungen zeigen sich im New Work und wie lassen sich gegebenenfalls Führungsstile kombinieren? Was ist der Unterschied zwischen Management und Führung und unter welchen Bedingungen ist was davon gefragt?

Seit gut sechzig Jahren gibt es ernstzunehmende, empirische Forschung zu der Frage, was effektive Führung ausmacht. Der Erkenntnisgewinn in diesem sozial-psychologischen Forschungszweig ist enorm und lässt hilfreiche Rückschlüsse auf das Führen von uns selbst zu. In diesem zweiten Kapitel bemühen wir uns daher zunächst darum, den unserer Kenntnis nach aktuellen Stand der Führungsforschung zusammenzufassen.

In den zurückliegenden rund zwanzig Jahren hat sich in der weltweiten Diskussion über die Effektivität von Führungsstilen eine Dualität von zwei Führungsstilen etabliert. Im Verlauf der 1990er Jahre haben die beiden amerikanischen Forscher, Unternehmensberater und Autoren Bernard Bass und Bruce Avolio mit einigen vielbeachteten Publikationen den Weg bereitet für den Siegeszug der Begrifflichkeiten der sogenannten *transaktionalen* und der *transformationalen Führung* (z. B. B. Bass & B. Avolio, 1994).

Nachweislich haben Bass und Avolio und ihre Kollegen die Begriffe nicht neu entwickelt, sondern lediglich bereits existierende Überlegungen zu diesen Konstrukten wieder aufgegriffen. Durch ihre Veröffentlichungen sind die Begriffe allerdings einem breiten Publikum zugänglich gemacht worden und wurden schließlich erfolgreich von der Wissenschaftsgemeinschaft aufgenommen und verwendet.

Die Konstrukte der transaktionalen und der transformationalen Führung dominieren seit 25 Jahren die weltweite Führungsstilforschung.

Unserer Beobachtung nach hat sich seit den Veröffentlichungen von Bass und Avolio weltweit eine Fokussierung der Forschungsbemühungen auf die beiden Führungsstile der transaktionalen und transformationalen Führung ergeben, so dass wir heute sagen können, dass sich diese beiden Stile derart etabliert haben, dass sich jede ernsthafte Führungsforschung mit diesen Konstrukten auseinandersetzen muss. Vormals vieldiskutierte Führungsstile wie autokratische, demokratische, partizipative, mitarbeiter- und aufgabenorientierte, dienende oder situative Führung wurden von den neuen Begriffen der transaktionalen beziehungsweise transformationalen Führung absorbiert und damit weitgehend überflüssig gemacht. Auch die durch die New-Work-Bewegung entstandenen veränderten Rahmenbedingungen des Zusammenlebens in Organisationen haben keine neuen Führungsstilbeschreibungen hervorgebracht.

Wir halten uns in der Folge an die beiden Begriffe der transaktionalen und transformationalen Führung und stellen zunächst dar, was diese im Wesenskern ausmachen und welche Verhaltensweisen von Führungskräften damit verbunden sind. Ergänzend diskutieren wir die Vor- und Nachteile der beiden Stile und prüfen, unter welchen Bedingungen diese ihre Vorzüge entfalten können. Abschließend greifen wir die Frage auf, ob die beiden *Führungsstile* miteinander vereinbar sind und was dann gegebenenfalls eine ideale Kombination aus beiden Welten ausmachen würde.

2.1 Die transaktionale Führung

Der Grundgedanke der transaktionalen Führung verrät sich bereits im Begriff. Die Transaktion, also der Deal oder Austausch, bestimmt demnach die Beziehung zwischen einem Mitarbeiter und ihrer Führungskraft. Es geht darum, dass der Mitarbeiter seine Arbeitskraft und Leistung einem Unternehmen zur Verfügung stellt und dafür eine Gegenleistung erwarten darf. Diese Gegenleistung kann in Geldeinheiten und in vielfältigen anderen Formen der Kompensation bestehen. Tatsächlich können wir davon ausgehen, dass unsere Wirtschaftswelt genau nach diesem *Austauschprinzip* funktioniert und erklärbar ist.

Das Prinzip des Austausches stellt den Wesenskern der transaktionalen Führung dar. Es bestimmt zum wesentlichen Teil unser Wirtschaftsleben.

Ein Arbeitsvertrag beispielsweise ist ein Instrument der transaktionalen Führung. Es wird geregelt, wie viel Arbeitszeit ein Mitarbeiter aufwenden muss und welche Vergütung er dafür erwarten darf. Die Beziehung zwischen dem Unternehmen und dem Mitarbeiter ist zweckrational und muss nicht persönlich oder gar freundschaftlich ausfallen. Will ein Unternehmen von einem Mitarbeiter mehr Leistung, als über den bestehenden Arbeitsvertrag geregelt ist, so muss es mehr Gegenleistung erbringen. Das Austauschprinzip bestimmt die Beziehung, wobei die beiden Waagschalen des

Gebens und Nehmens grundsätzlich verhandelbar sind und zumindest für das Funktionieren einer langfristigen Beziehung im Mittel in der Balance sein müssen.

Alle Zielvereinbarungssysteme funktionieren nach dem Prinzip der Transaktion. Der Vorgesetzte als Vertreter der Organisation bespricht die Erwartungen an das Verhalten und/oder die gewünschten Ergebnisse mit dem Mitarbeiter in möglichst detaillierter Form und verspricht im Gegenzug im Fall der Erreichung des gewünschten Zielzustands eine Belohnung. Auch das Nicht-Eintreten eines möglicherweise negativen Effekts wie einer Kündigung oder eines Verlustes an Image, Prestige und Anerkennung in der Organisation wäre in diesem Sinne eine Belohnung.

Die Handelswaren auf dem Tauschmarkt für Führungskräfte und Mitarbeiter sind vielfältig. Sie reichen von verbalem Lob über das In-Aussicht-Stellen von Beförderungen bis hin zu materiellen Anerkennungen in Form von Boni, Provisionen, Gehaltserhöhungen, Sonderzahlungen oder einem größeren Firmenwagen. Dazu kommen individuelle Vergünstigungen, bessere Arbeitsbedingungen, ein gutes Arbeitszeugnis usw. Viele Vorgesetzte spielen auch mit Distanz und Nähe: Bei Wohlverhalten spüren Mitarbeiter mehr persönliche Nähe und Wertschätzung vom Vorgesetzten, bei Fehlverhalten kann man dann wiederum auf Distanz gesetzt werden.

Es gibt vielfältige Tauschwaren, die mehr oder weniger subtil sind, aber alle dem Führungsprinzip der Transaktion dienen.

Neben dem In-Aussicht-Stellen von Belohnung gibt es eine weitere Triebkraft in der Welt der transaktionalen Führung: die Bestrafung. Während das Belohnungsprinzip offen und transparent in der Unternehmenspraxis eingesetzt wird, bleibt das Bestrafungsprinzip eher im Verborgenen. Auch wenn der Chef nicht offen über die Möglichkeit einer Kürzung des Bonus, einer Strafversetzung oder einer Entlassung spricht, unterschwellig sind diese Drohszenarien im Raum, und kaum ein Mitarbeiter wird so naiv sein, sie nicht zu kennen und nicht danach zu streben, sie zu vermeiden. Das Bestrafungsprinzip ist daher ebenfalls maßgeblich bei der Verhaltenssteuerung von Mitarbeitern und ein zentrales Element der transaktionalen Führung.

Die beiden entscheidenden Antriebs- und Steuerungskräfte der transaktionalen Führung sind Belohnung und Bestrafung.

Im Rahmen der transaktionalen Führung sollten Führungskräfte einige Handlungsempfehlungen beherzigen, damit ihr Vorgehen die gewünschten Effekte erzielt. Kurz zusammengefasst sind dies die folgenden Verhaltensweisen:

- Die transaktionale Führungskraft muss ihre Erwartungen klar äußern. Je genauer die Beschreibung eines angestrebten Zielzustands erfolgt, desto fokussierter kann sich der Mitarbeiter auf genau dieses Ziel konzentrieren und desto eindeutiger kann am Ende der Grad der Zielerreichung festgestellt werden.

- Die Führungskraft oder das Unternehmen muss Klarheit schaffen über Strukturen, Rollen und Zuständigkeiten und sollte Verantwortung klar abgrenzen.
- Weiterhin müssen die Spielregeln festgelegt, Abläufe definiert und mittels Vorschriften detailliert die gewünschten Handlungen beziehungsweise Prozessschritte vorgegeben werden.
- Eine gute transaktionale Führungskraft schaut auf die vorhandenen Kompetenzen im Team und verteilt die Aufgaben gemäß der Stärken der Mitarbeiter. Auch sorgt sie sich um eine angemessene Ressourcenausstattung des Teams und schafft leistungsfördernde Rahmenbedingungen.
- Im Verlauf der Zielverfolgung sollte eine transaktionale Führungskraft den Arbeitsprozess überwachen und zeitnah im Falle einer Zielabweichung reagieren. Dieser Teil der transaktionalen Führung ist auch als *Management-by-Exception* bekannt, demnach die Führungskraft den Arbeitsprozess beobachtet und unmittelbar, aber eigentlich nur im Ausnahmefall, interveniert.
- Im Verlauf oder spätestens am Ende des Arbeitsprozesses muss die Führungskraft das Erreichte mit dem definierten Soll abgleichen und in Entsprechung der Zielerreichung die Belohnung oder Bestrafung anhand der im Vorfeld transparent gemachten Kriterien verteilen. Dieses Prinzip ist als *Contingent Reward* bekannt, demnach ein enger, für den Mitarbeiter direkt verständlicher Belohnungs- oder Bestrafungsmechanismus in Gang gesetzt wird in unmittelbarer Abhängigkeit des gezeigten Verhaltens oder des Erreichten.

Grundsätzlich gilt in der transaktionalen Führung, dass die Effekte umso positiver ausfallen, je eindeutiger das Ziel vorgegeben wird und je attraktiver die mögliche Belohnung ausfällt.

Tatsächlich zeigt sich in der empirischen Führungsstilforschung wie beispielsweise bei den beiden Wienern Forschern Johannes Steyrer und Michael Meyer, die 60 Jahre der empirischen Führungsstilforschung in einer Meta-Analyse ausgewertet haben (J. Steyrer & M. Meyer, 2010), dass die korrekt angewandten Prinzipien der transaktionalen Führung zu einem verbesserten Zielerreichungsgrad von Mitarbeitern und Teams führen. Kurzum: Mit transaktionaler Führung lassen sich Ergebnisse erzielen. Dies gilt insbesondere unter der Bedingung, dass das gewünschte Ziel eindeutig und klar ist, der optimale Weg zur Erreichung des Ziels bereits bekannt ist und die Rahmenbedingungen stabil bleiben.

In einer v.u.k.a.-Welt, wie wir sie im ersten Kapitel skizziert haben, hingegen stößt die transaktionale Führung an ihre Grenzen, weil sich die Ziele dynamisch verändern und sich oft nicht eindeutig definieren lassen, weil die Rahmenbedingungen volatil sind und weil der Weg der Zielerreichung nicht eindimensional und bekannt, sondern komplex, ambivalent und unbekannt ist.

Die transaktionale Führung stößt in einer v.u.k.a.-Welt an ihre Grenzen.

Mit korrekt angewandter transaktionaler Führung lässt sich ein definiertes Ziel erreichen, jedoch sollte man mit dieser Art der Führung weder eine außergewöhnliche Leistung noch Kreativität erwarten. Die transaktionale Führungskraft fokussiert ihre Aufmerksamkeit auf Fehler, Defizite und Abweichungen von Vorgaben und nicht auf die Potenziale eines Mitarbeiters oder Teams. Der Mitarbeiter hat im Rahmen der transaktionalen Führung genau das zu leisten, was von ihm gefordert wird, nicht mehr und nicht weniger. Ein gutes Pferd springt nur so hoch, wie es muss.

Die transaktionale Führung unterstellt in Bezug auf den Mitarbeiter, dass dieser ein kühl kalkulierender Nutzenmaximierer, ein rationaler homo oeconomicus mit langfristigem Planungshorizont und stabilen Motiven ist. In Wirklichkeit ist menschliches Verhalten keineswegs nur rational; die Motive der Mitarbeiter sind veränderbar, der Planungshorizont ist subjektiv begrenzt und man vollzieht bisweilen kurzsichtige Handlungen, ohne das Große und Ganze zu bedenken.

In Bezug auf die Führungskraft unterstellt die transaktionale Führung, dass sie zu jeder Zeit das richtige Ziel benennen kann, den adäquaten Zielerreichungsgrad einzuschätzen weiß und die Motive und Pläne jedes einzelnen Mitarbeiters kennt. Im heutigen v.u.k.a.-Alltag sind dies wohl nicht mehr vorauszusetzende Bedingungen. Wir haben es nur noch selten und in rein fabrikartigen Arbeitsumgebungen mit stabilen Rahmenbedingungen zu tun, bei denen ein optimaler Weg der Aufgabenerfüllung bekannt ist und die einzelnen Handlungsschritte detailliert vorgegeben und kontrolliert werden können. Zunehmend mehr Tätigkeiten in unserer dynamischen Informationsgesellschaft sind hingegen gekennzeichnet durch die Einzigartigkeit der Aufgabe, so wie es beispielsweise bei kreativen Problemlösungen, bei Innovationsaufgaben oder generell bei jeder Form der Projektarbeit gegeben ist.

Von einem transaktional geführten Team darf man sich keine außergewöhnliche Leistung oder kreative Problemlösungen erwarten.

Eine weitere Limitation der transaktionalen Führung ist in ihrem eigentlich wirkungsvollsten Element zu finden: dem Belohnungsprinzip. Während eindrücklich gezeigt werden kann, dass beispielsweise Akkordarbeit durch entsprechende Kontroll- und Belohnungsmechanismen erfolgreich gesteuert werden kann, zeigen sich die Grenzen dieser Antriebskraft bei Problemlösungsaufgaben oder bei Forschungs- und Innovationsfragen, also bei allen Aufgaben, für die es noch keinen idealen Weg der Bearbeitung gibt. Kreativität lässt sich nicht steigern durch eine Erhöhung der in Aussicht stehenden Belohnung.

Weiterhin führt der Wunsch, Mitarbeiterverhalten gezielt zu steuern, beispielsweise im Vertrieb, zu immer ausgefeilteren Belohnungssystemen, die dennoch nie von allen als fair erlebt werden. Neben den damit vorprogrammierten Konflikten im Team zeigt sich eine weitere Schwäche von Provisionen, Sonderzahlungen und Boni darin, dass sie kontinuierlich erhöht werden müssen, um eine Sättigung zu vermeiden, damit sie noch ihre gewünschte Motivationswirkung entfalten können. Denn: Der in diesem Jahr kassierte Bonus wird im nächsten Jahr bereits als integraler Bestandteil der Basisvergütung empfunden.

Und ein weiteres Problem von reinen Belohnungs- und Bestrafungsmechanismen zur Motivation zeigte sich eindrücklich in einer in der Schweiz durchgeführten Studie in Kindergärten. Kinder, die per se Freude an Puzzlespielen hatten und in freien Spielphasen von sich aus zu Puzzlespielen griffen und diese auch mit überdurchschnittlich gutem Erfolg ausführten, wurden experimentell nach dem erfolgreichen Bewältigen eines Puzzles mehr oder weniger zusätzlich belohnt mittels Schokolade. Anstatt damit einen zusätzlichen Ansporn zu bewirken, zeigten sich mit der Zeit ganz im Gegenteil unerwünschte Effekte. Beispielsweise führten die zusätzlichen Belohnungen zu Streit innerhalb der Gruppe, oder die Kinder griffen von sich aus nur noch zum Puzzle, wenn Aussicht auf eine zusätzliche Belohnung bestand. Die Freude an der Aufgabe selbst wurde mit der Zeit überstrahlt vom Belohnungssystem. Belohnungssysteme lenken den Blick weg von der Aufgabe auf die Belohnung, damit entfallen die potenziell motivatorischen Effekte einer an sich attraktiven Aufgabe oder Herausforderung.

Externe Anreize können die Motivation verringern, weil sie suggerieren, eine Tätigkeit nur für die Belohnung auszuüben.

In Summe lässt sich festhalten, dass die transaktionale Führung nach dem Austauschprinzip funktioniert. Die Beziehung zwischen der Führungskraft und dem Mitarbeiter ist zweckrational. Die Antriebskräfte dieses Führungsstils sind Belohnung und Bestrafung, was kurzfristig und bei bekannten Zielen und Lösungswegen zum Erreichen der gewünschten Zustände führen kann.

Die transaktionale Führung nimmt an, dass sich Ziele eindeutig definieren lassen und die Rahmenbedingungen stabil bleiben. In einer volatilen, unsicheren, komplexen und mehrdeutigen Welt erfährt die transaktionale Führung ihre Grenzen, weil wesentliche Voraussetzungen für die Wirksamkeit dieser herkömmlichen Managementansätze nicht mehr gegeben sind. Die wesentliche Antriebsfeder der transaktionalen Führung, nämlich die in Aussicht stehende Belohnung, muss kritisch in Bezug auf ihre Wirksamkeit hinterfragt werden.

Mit transaktionaler Führung lassen sich Ergebnisse erzielen. Allerdings darf man von einem rein transaktionalen Führungsverhalten keine außergewöhnliche Teamleistung oder Kreativität oder Innovation erwarten. Intrinsische Motivationseffekte werden kaum genutzt, man bewegt sich vielmehr in einer sogenannten *Outside-in-Welt*. Demnach erfolgt die Steuerung des Verhaltens durch externe Stimuli, nicht aufgrund innerer Willenskraft oder eigener Entschlossenheit.

Metaphorisch werden transaktionale Führer mit Puppenspielern verglichen, die an den Fäden ziehen und die Puppen tanzen lassen. Fällt der *Puppenspieler* einmal aus, fällt das ganze Puppentheater in sich zusammen. Das Team hat gelernt, auf die Kommandos des Chefs zu warten; bleiben diese aus, übernimmt kein anderer Verantwortung. Der amerikanische Psychologe Martin Seligman hat diesem Phänomen einen bezeichnenden Namen gegeben: *erlernte Hilflosigkeit* (M. Seligman, 1974).

Abb. 1: Transaktionale Führung

2.2 Die transformationale Führung

Die transformationale Führung erklärt sich nicht so naheliegend durch den Begriff der Transformation selbst wie die transaktionale Führung, bei der die Transaktion, das Austausch-Prinzip, bereits im Titel enthalten ist. Tatsächlich wurden die beiden Begriffe der Transaktion und Transformation ohne weitere Übersetzungsleistung ins Deutsche übertragen, obwohl die Begriffe im Deutschen nicht so gebräuchlich sind wie im Amerikanischen.

Im Kern des Begriffs der Transformation findet sich die Veränderung der Form, der Erscheinungsweise. Man könnte die transformationale Führung als die Führung des Wandels bezeichnen. Die Aufmerksamkeit einer transformationalen Führungskraft ist auf die Entfaltung von angelegten Stärken und verdeckten Potenzialen gerichtet; es gilt, einen Mitarbeiter oder ein Team in einen anderen, für die Bewältigung der zukünftigen Herausforderungen qualitativ besseren Zustand zu führen.

Die transformationale Führung gilt als die Führung des Wandels. Angelegten Potenzialen und Möglichkeiten soll zur Entfaltung verholfen werden.

Geht es in der transaktionalen Führung darum, bekanntes Terrain zu beackern, mithin überwiegend bekannte Aufgaben mit bekannten Lösungswegen möglichst effizient und fehlerfrei auszuführen, geht es in der transformationalen Führung um die Inspiration für und die Gestaltung des Wandels. In diesem Zusammenhang kommt der Unterscheidung zwischen Managern und Führern eine zentrale Bedeutung zu, demnach Manager dafür sorgen, dass das Geschäft läuft, und Führer dafür, dass sich das Geschäft entwickelt. Die transaktionale Führung wäre in diesem Sinne besser als transaktionales Management zu bezeichnen, wohingegen der Begriff der Führung für die transformationale Führung vorbehalten sein müsste.

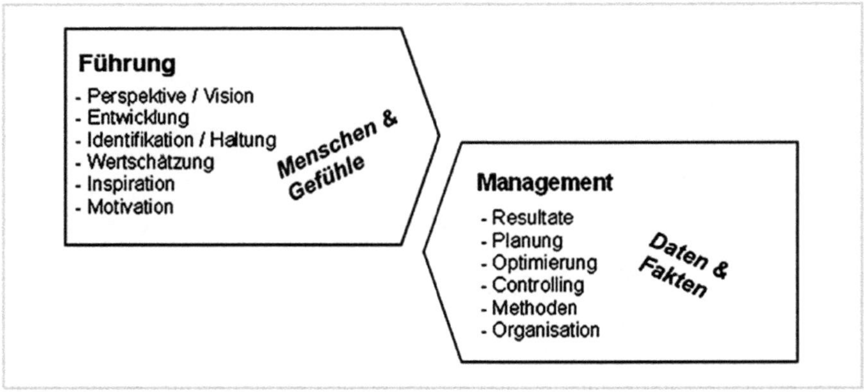

Abb. 2: Unterscheidung von Managern und Führern

Wie versuchen transformationale Führer, die Ressourcen eines Mitarbeiters oder eines Teams zu mobilisieren? Im ersten Schritt geht es darum, genau hinzuschauen und zu beobachten, welche Stärken und Potenziale vorliegen. Dafür sollte ein transformationaler Führer seine Mitarbeiter gut kennen und im engen Austausch mit ihnen stehen. Ein transformationaler Fußballtrainer beispielsweise sollte um die individuellen Stärken seiner Spieler wissen und über die Kenntnis des Bekannten hinaus einen aufmerksamen Blick für die bislang unabgerufenen Möglichkeiten haben. Mit Empathie und einem intensiven persönlichen Austausch wird versucht, bei jedem einzelnen Spieler den Raum der Möglichkeiten zu ergründen.

Der Blick auf die Mitarbeiter ist in der transformationalen Führung stets durch die Annahme begleitet, dass jeder Mensch ein bereits offenkundig gewordenes und damit manifestes Bündel an Kompetenzen mitbringt, darüber hinaus aber zu jedem Zeitpunkt seines Lebens ein zusätzliches, noch nicht in Erscheinung getretenes Potenzial hat. Die damit verbundene Haltung in der Menschenführung ist auch als *Potenzialorientierung* bekannt.

Auf der Basis der Kenntnis der vorhandenen Stärken und angelegten Potenziale eines Mitarbeiters oder Teams geht es in der transformationalen Führung dann darum, außerhalb des Teams den Raum der Möglichkeiten zu ergründen und dabei kreativ und visionär über das Vorhandene hinauszudenken. Es obliegt in der Verantwortung einer transformationalen Führungskraft, ein Klima der Entwicklung zu schaffen, in dem neue Ideen willkommen sind, Bestehendes kritisch hinterfragt werden darf und eine Offenheit gelebt wird für das Erproben neuer Herangehensweisen.

Eine transformationale Führungskraft betrachtet die Entwicklung des Teams als Wert an sich und schafft ein Klima des Aufbruchs.

Die wesentliche motivatorische Triebfeder in der transformationalen Führung ist die *Sinnstiftung*. Eine transformationale Führungskraft muss nachvollziehbare Begründungen für das gewünschte Streben des Teams oder des Einzelnen geben; die Anstrengungen müssen Sinn machen. Da es darum geht, Energie und Kreativität für das Neue zu mobilisieren, muss die bewegende Kraft der transformationalen Führung in der Inspiration liegen. Die Mitarbeiter sollen Willenskraft und eine persönliche Entschlossenheit aus sich selbst heraus entwickeln. Dies gelingt nicht mit Zuckerbrot und Peitsche, sondern nur durch Überzeugung.

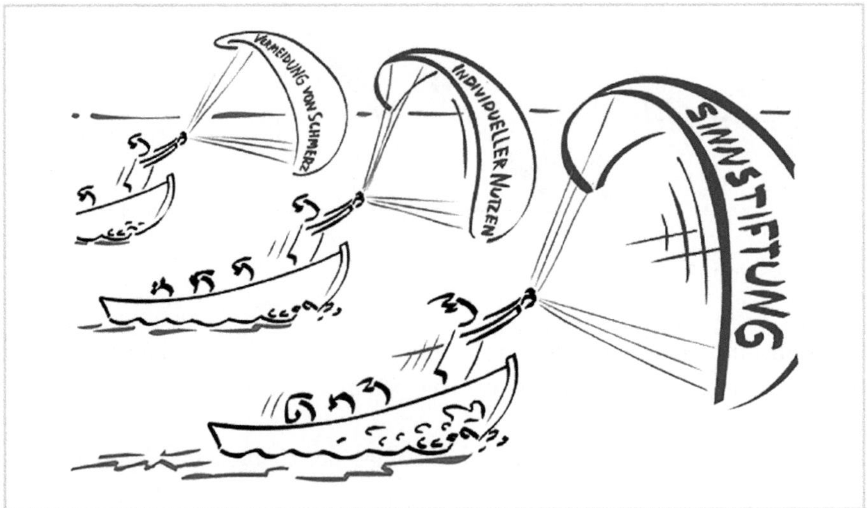

Abb. 3: Die 3 Führungs-Kräfte für Führungskräfte

Bisweilen wird die transformationale Führung auch mit *visionärer Führung* gleichgesetzt. Tatsächlich kann das Vorhandensein einer Vision, also einer Vorstellung von der Zukunft, die attraktiv und erstrebenswert erscheint, hilfreich für das Mobilisieren von Energie und Kreativität sein, allerdings ist das Vorliegen einer Vision für das Funktionieren der transformationalen Führungsidee keine Voraussetzung. Bisweilen ist es hinreichend, eine vage Vorstellung von der Zukunft zu haben und sich dann in diese grobe Richtung zu bewegen. Durch die Bewältigung der ersten Schritte entsteht dann ein neuer, anders gearteter Zustand, auf dessen Basis die dann sinnvoll erscheinenden nächsten Schritte angegangen werden können. Das Absolvieren eines guten Weges kann in diesem Sinne ebenso motivierend sein wie das Erreichen eines wünschenswerten Zielzustands.

Im Gegensatz zur transaktionalen Führung kommt in der transformationalen Führung der persönlichen Beziehung zwischen Mitarbeiter und Führungskraft eine wesentliche Bedeutung zu. Das empathische Ergründen der Stärken und Potenziale eines Mitarbeiters, das ergebnisoffene Diskutieren über die Zukunft beziehungsweise den gemeinsamen Weg dorthin oder das gegenseitige Kritisieren zum Ziele der Weiterentwicklung können nur auf der Basis einer vertrauensvollen Beziehung zwischen Mitarbeiter und Führungskraft funktionieren.

Abb. 4: Führen mit Vision

Eine transformationale Führungskraft muss glaubwürdig handeln und in der Lage sein, eine vertrauensvolle Beziehung zu den Mitarbeitern aufzubauen.

Angesichts der Bedeutung einer vertrauensvollen Beziehungsbrücke zwischen Mitarbeiter und Führungskraft in der transformationalen Führung verwundert es nicht, dass zeitgleich zur Ausbreitung der Idee der transformationalen Führung eine Intensivierung der weltweiten Forschungsbemühungen zum Thema Vertrauen zu beobachten ist. Was sind Voraussetzungen und Effekte einer vertrauensvollen Beziehungsbrücke? Was sind Charakterzüge eines Menschen, damit wir ihm mehr vertrauen? Welche Eigenschaften und Verhaltensweisen zeichnen Führungskräfte aus, denen im Durchschnitt mehr vertraut wird? Diesen und ähnlichen Fragen wurde in den letzten Jahren in der Vertrauensforschung nachgegangen. Die Ergebnisse sind vielversprechend und zeigen beispielsweise, dass die Vertrauenswürdigkeit einer Person maßgeblich von der wahrgenommenen Integrität der Person abhängt; ihre Worte und Taten müssen im Einklang stehen.

Der amerikanische Autor Warren Bennis hat sich am Ende seiner aktiven, über vierzig Jahre währenden Tätigkeit als Politik- und Unternehmensberater der Frage der Vertrauenswürdigkeit zugewendet und proklamiert, dass die Vertrauenswürdigkeit eines Vorgesetzten in den Augen eines Mitarbeiters von fünf Faktoren abhängt: der Kompetenz, der Zuverlässigkeit, der Kongruenz von Worten und Taten, der Hilfsbereitschaft und der Offenheit (W. Bennis, 2003). Unsere eigenen empirischen Untersuchungen zur Vertrauenswürdigkeit von Vorgesetzten deuten in eine vergleichbare Richtung und unterstützen Bennis in seinem aus der eigenen Lebenserfahrung heraus entwickelten Modell.

Wie genau verhalten sich denn nun transformationale Führungskräfte, um die gewünschten Effekte der Potenzialmobilisierung und Entwicklung bei Mitarbeitern und Teams auszulösen? Die diesbezüglichen wissenschaftlichen Publikationen sind zahlreich und umfassend. Wir bemühen uns, die Verhaltensweisen zusammenzufassen, welche sich in der empirischen Forschung als relevant und effektiv erwiesen haben:

- Eine transformationale Führungskraft sollte inspirierend sein, was bedingt, dass sie einen Zustand in der Zukunft zumindest grob umschreiben und diesen überzeugend und mit spürbarer Begeisterung und eigener Entschlossenheit vermitteln kann.
- In der transformationalen Führungswelt kommt einer vertrauensvollen Beziehung zwischen Führungskraft und Mitarbeiter eine erfolgskritische Bedeutung zu, daher sollten transformationale Führer empathisch sein und Wertschätzung vermitteln.
- Eine weitere Voraussetzung für das Entstehen von vertrauensvollen Beziehungsbrücken zwischen einer Führungskraft und einem Mitarbeiter ist in der Glaubwürdigkeit und moralischen Integrität des Vorgesetzten zu sehen. Transformationale Führer müssen im Einklang mit ihren Worten handeln und bereit sein, für ihre Überzeugungen zu kämpfen.
- Die transformationale Führung ist die Führung des Wandels. Es sollte einer transformationalen Führungskraft gelingen, ein Klima der Offenheit für Neues, der Entwicklung und des Querdenkens beziehungsweise des Herausforderns des Bekannten zu schaffen.

Modell der 4i

Diese vier beschriebenen Aspekte haben sich in der Forschung als erfolgskritisch für das Funktionieren des transformationalen Führungsansatzes erwiesen. Sie werden in Anlehnung an die amerikanischen Originalbegriffe als 4i zusammengefasst. Dem *Modell der 4i* zufolge zeichnet sich eine gute, transformationale Führungskraft durch die vier folgenden Elemente aus:

- *Inspirierende Motivation*: Die Führungskraft arbeitet die Bedeutung einer Aufgabe für die übergeordneten Ziele heraus. Sie vermittelt Sinn und ist in der Lage, eine langfristige Entwicklungsrichtung zu beschreiben und diese mit eigener Begeisterung zu kommunizieren.
- *Individuelle Berücksichtigung:* Die Führungskraft berücksichtigt jedes einzelne Teammitglied und versteht dessen Geschichte, aktuelle Verfassung und Vorstellung von der Zukunft. Sie versteht sich als Coach ihrer Mitarbeiter und unterstützt diese bei der persönlichen Weiterentwicklung.
- *Ideelle Klarheit*: Die Führungskraft zeigt moralische Integrität und steht für ihre Überzeugungen ein. Das Team erlebt die Einsatzbereitschaft und Entschlossenheit des Vorgesetzten.
- *Intellektuelle Herausforderung*: Die Führungskraft bringt selbst neue Impulse in das Team ein und schafft ein Klima der intellektuellen Herausforderung und Entwicklung.

Inspirierende Motivation	**Individuelle Berücksichtigung**	**Ideelle Klarheit**	**Intellektuelle Herausforderung**
Die Bedeutung von Zielen und Aufgaben erläutern	Die Stärken, Vorlieben und Potenziale der Mitarbeiter kennen	Sich vorbildlich verhalten	Neue Impulse einbringen und ein Klima des Aufbruchs schaffen
Eine fesselnde Vision entwickeln und diese begeisternd kommunizieren	Jedes Teammitglied individuell begleiten und coachen	Den eigenen Überzeugungen folgen	Das Etablierte herausfordern
Sich als Expeditionsleiter verstehen, nicht als Dompteur	Angelegten Potenzialen zur Entfaltung verhelfen	Mit Begeisterung und Entschlossenheit vorangehen	Ideen willkommen heißen und Alternativen erproben

Welche Effekte gehen von einer transformationalen Führungskraft aus? Dazu sind in den letzten gut zwanzig Jahren mehr als eintausend Studien durchgeführt worden. Es liegen bereits Meta-Analysen vor, welche die verschiedenen Studienergebnisse zusammenführen und einer gesammelten Neuauswertung unterziehen (z. B. S. P. Robbins & T. A. Judge, 2014 oder J. Sun et al., 2017). Grob gesprochen zeigen diese Studien, dass man sowohl mit transaktionaler als auch mit transformationaler Führung Ergebnisse erzielen kann.

In jedem Fall sind beide besser als ein sogenannter *Laissez-faire-Stil*, demnach die Führungskraft ihrer Führungsverantwortung nicht gerecht wird und durch Abwesenheit glänzt. Überraschenderweise zeigten sich in von uns durchgeführten Führungsstilanalysen in Schweizer und deutschen Unternehmen, dass nahezu jede fünfte Führungskraft von ihren Mitarbeitern als Laissez-faire-Führungskraft eingestuft worden war. Diese Ergebnisse waren für uns überraschend und offenbarten einen wichtigen Entwicklungsbedarf in den Unternehmen, denn in der Forschung ist man sich in diesem Punkt einig: Laissez-faire führt zu Konflikten im Team und zu Minderleistung. Teams mit Laissez-faire-Führern zeigen im Durchschnitt schlechtere Leistungen und weniger Produktivität als Teams, die keine oder wechselnde Führung erleben.

Erstaunlich viele Führungskräfte werden von ihren Mitarbeitern als Laissez-faire-Vorgesetzte wahrgenommen. Laissez-Faire ist kontraproduktiv und schafft Konflikte im Team.

Demgegenüber zeigt sich in Teams mit transaktionaler oder transformationaler Führung, dass sie produktiv sind und die gewünschten Ergebnisse erreichen. Bei der transformationalen Führung kommen aber noch einige zusätzliche Effekte hinzu: Transformational geführte Teams sind innovativer, weisen höhere Zufriedenheits- und Commitment-Werte auf, fühlen sich stärker an ihr Unternehmen gebunden, zeigen häufiger Höchstleistung, bewerten ihre Vorgesetzten besser, sind gesünder und weisen weniger psychologische Belastungssymptome auf, entwickeln einen starken Teamzusammenhalt und vertreten ihr Team positiv nach außen.

Transformational geführte Teams erreichen Ergebnisse und sind zudem kreativer, zufriedener und gesünder als transaktional geführte Teams.

Angesichts der statistisch zu erwartenden positiven Effekte der transformationalen Führung verwundert es nicht, dass sich viele Organisationen in den zurückliegenden Jahren mit diesem Führungsstil auseinandergesetzt haben und sich kritisch hinterfragen, ob ihre Führungskultur nicht zu transaktional ist. In diesem Zusammenhang kommt häufig die Frage auf: Kann jeder Vorgesetzte ein transformationaler Führer werden?

Wir haben eine Studie durchgeführt, bei der ein ganzes Bündel an Persönlichkeitseigenschaften analysiert und mit dem ausgeübten Führungsstil in Zusammenhang gebracht wurde. Dies beantwortet noch nicht exakt die gestellte Frage, legt aber eine Antwort nahe: Nur eine einzige der untersuchten Persönlichkeitseigenschaften steht einem transformationalen Führungsverhalten entgegen, und das ist der Wunsch nach Kontrolle. Vorgesetzte mit einem stark ausgeprägten Kontrollbedürfnis greifen üblicherweise auf eine enge Führung im transaktionalen Sinne zurück. Für alle übrigen gilt: Bahn frei, denn die empirische Forschung legt nahe, dass ein Mehr an transformationaler Führung zu besseren Ergebnissen führt.

Kontrolle und Transformation schließen sich aus. Wer sich auf den Weg macht, wird sich und den Status quo verändern.

Allerdings gibt es bereits eine Gegenströmung. In Wissenschaftlerkreisen wird seit Kurzem über die sogenannte *Pseudo-transformationale Führung* diskutiert. Darunter verstehen Psychologen einen Führungsstil, der vorgibt, transformational zu sein, dem die Mitarbeiter aber dennoch aufgrund von mangelnder Glaubwürdigkeit nicht folgen. Eine gute Zusammenfassung der Forschung findet sich beispielsweise bei Barbara Steinmann (B. Steinmann, 2017).

Wie wir weiter oben beschrieben haben, kommt in der transformationalen Führungswelt einer vertrauensvollen Beziehungsbrücke zwischen Führungskraft und Mitarbeiter eine erfolgskritische Bedeutung zu. Ist diese Brücke beschädigt, misstrauen die Mitarbeiter ihrem Vorgesetzten, so treten die gewünschten Führungseffekte nicht ein. Ganz im Gegenteil konnte gezeigt werden, dass in diesen negativen Fällen Teams gegen das Unternehmen oder ihren Vorgesetzten arbeiten.

Das Nicht-Einhalten der mit der transformationalen Führung verbundenen Versprechen führt zur Enttäuschung und in der Folge zu aktivem oder passivem Widerstand. Es gilt, pseudo-transformationale Führung zu vermeiden. Das bedeutet aber nicht, dass sich Vorgesetzte und Unternehmen nicht auf den Weg machen sollten, transformationaler zu werden. Vielmehr gilt es, auf diesem Weg das Vertrauen der Mitarbeiter als hohes Gut zu erkennen und entsprechend integer und vertrauenswürdig zu handeln.

Das Vertrauen der Mitarbeiter ist in der transformationalen Führungswelt ein erfolgskritischer Faktor und ein hohes Gut.

Ein wunderbarer Nebeneffekt der transformationalen Führung ist darin zu sehen, dass man eigentlich nicht verlieren kann. Wer sich aufmacht zu Ufern, die noch vage im Verborgenen liegen, kann sein Ziel nicht verfehlen, weil alles Neuland ist, was man betritt. In der transaktionalen Führung wird der Blick auf das Abweichen vom Soll gelenkt, was dann leider häufig zu Fehlervermeidungsstrategien und zu persönlicher Absicherung oder zu einer Erhöhung der Anstrengung führt, um das Soll weiterhin erreichen zu können.

In der Regel ungewollt entsteht aus dem transaktionalen Verständnis des fortlaufenden Soll-Ist-Vergleichs eine Negativsicht oder *Defizitorientierung*. Mitarbeiter und Vorgesetzte versäumen den Blick auf die Potenziale und Möglichkeiten und unterhalten sich dann überwiegend über Verfehlungen oder Hindernisse, die es auf dem Weg zum Ziel auszuräumen gilt. Durch den damit verbundenen erhöhten Bedarf an Selbstregulation kann ein Erschöpfungsprozess ausgelöst werden, der von Sozialpsychologen als *Ego-Depletion* bezeichnet wird (R. Baumeister, 1998). Demnach müssen Menschen Energie aufwenden, wenn sie sich mit Willenskraft selbst regulieren, und diese Energie kann sich ähnlich erschöpfen wie eine physische Ressource.

In der transformationalen Führung ist die Gefahr der Auszehrung im Sinne der Ego-Depletion weniger gegeben, weil der kurzfristige Zieldruck wegfällt und der Bedarf an kleinteiliger Verhaltensdisziplinierung nicht gegeben ist. Wenn wir alle gemeinsam Neuland betreten, müssen wir neugierig und offen sein und nicht kleinteilig regulierend und kontrollierend. Psychologische Flexibilität ist in der transformationalen Führung keine störende, den Status quo gefährdende Last, die ertragen werden muss und deren Abwehr für Erschöpfung sorgt. Psychologische Flexibilität ist vielmehr eine Tugend, die dabei hilft, sich rasch auf wechselnde Rahmenbedingungen einzustellen und Herausforderungen als Chance zu begreifen.

Metaphorisch wird die transformationale Führung auch mit dem Leiten einer Exkursion in Verbindung gebracht. Ein guter *Exkursionsleiter* inspiriert die Reisegruppe, beobachtet die Verfassung der Mitreisenden, schafft ein Klima der Neugier und des gegenseitigen Helfens und geht schließlich mit Entschlossenheit und eigener Begeisterung voran. Ein guter Exkursionsleiter sollte aber nicht um sich kreisen, sondern den Blick empathisch auf die Reisenden richten und sich selbst nicht zu wichtig nehmen; die Exkursionsteilnehmer möchten sich schließlich nicht nur alte Geschichten des Reiseleiters anhören, sondern eigene Erfahrungen sammeln und gemeinsam neue Wege finden.

Abb. 5: Transformationale Führung

Zusammenfassend lässt sich festhalten, dass die transformationale Führung durch eine strikte Potenzialorientierung gekennzeichnet und darauf ausgerichtet ist, einem Mitarbeiter oder einem Team zur Entfaltung der angelegten Möglichkeiten zu verhelfen. Dafür leben transformationale Führungskräfte die sogenannten 4i: inspirierende Motivation, individuelle Berücksichtigung, ideelle Klarheit und intellektuelle Herausforderung. Von transformational geführten Teams darf erwartet werden, dass sie Ergebnisse erreichen, die über das Erwartete hinausgehen und kreativ und innovativ sind. Mitarbeiter in transformational geführten Teams sind zufriedener und entwickeln sich persönlich. Es herrscht eine Atmosphäre des Aufbruchs und des Wachstums vor, neue Ideen sind willkommen und werden unmittelbar erprobt. Die transformationale Führung ist die Führung des Wandels und wird den Anforderungen einer volatilen, unsicheren, komplexen und mehrdeutigen Welt gerecht.

2.3 Führung und Zusammenarbeit im New Work

Die klassische Führungsstilforschung wird zunehmend erweitert durch die Frage, wie nicht nur die offiziellen Vorgesetzten in einem Organigramm, sondern alle Mitglieder einer Organisation mithelfen können, Zusammenarbeit effektiv zu organisieren. Dies nimmt mehr Menschen in Verantwortung, mithin bringt die Erwartung aber auch mit, dass mehr Menschen eigeninitiativ agieren oder, in anderen Worten, sich erfolgreich selbst führen. Dazu kommen gesellschaftliche Trends wie das Streben nach Sinn, nach Autonomie, nach guten Beziehungen und einem positiven Erleben am Arbeitsplatz, nach Gleichheit und Freiheit, welche im organisationalen Zusammenleben immer stärker Fuß fassen und die Art der Führung und Zusammenarbeit regelrecht revolutionär verändern. Diese neuen Formen im Arbeitsleben bringen wiederum zusätzliche Herausforderungen an eine erfolgreiche Selbstführung, bieten aber auch Impulse und Lernmöglichkeiten. Wie bereits im einleitenden ersten Kapitel erwähnt, sind Freiheit und Verantwortung die zwei Seiten derselben Medaille.

Die im New Work erweiterten Befugnisse und die zumindest angestrebte verbesserte Verteilung von Verantwortung über Hiearchieebenen hinweg wirken sich unmittelbar auf die Möglichkeiten, aber auch auf die Notwendigkeit einer erfolgreichen Selbstführung aus.

Was ist New Work?
New Work ist ein Sammelbegriff für eine angestrebte und für den Menschen positive Veränderung der Arbeitswelt und bezeichnet eine Bewegung, welche aufgrund gesellschaftlicher Megatrends, Generationsübergängen und technischer Machbarkeiten in Organisationen zu beobachten ist und vielfach auch explizit gefördert wird. Als einer der Gründungsväter der New-Work-Bewegung gilt der in Sachsen geborene und während der Nazi-Zeit nach Österreich und dann in die USA emigrierte Philosoph und Zu-

kunftsforscher Frithjof Bergmann. Sein zentrales Werk ist *Neue Arbeit, Neue Kultur,* welches zunächst 2004 auf Deutsch und dann 2019 auf Englisch erschien. Heute ist der Begriff New Work ein Sammelbecken für mehrere Aspekte modernen Zusammenlebens in Organisationen.

Mit New Work werden *veränderte Vorstellungen von Karriere und Erfolg* reflektiert. Die herkömmlichen Faktoren wie Status, Einkommenshöhe und der Aufstieg entlang der sozialen Hühnerleiter rücken in den Hintergrund gegenüber dem Wunsch nach erlebter Wirksamkeit, nach Gestaltungsmöglichkeiten und einer als sinnvoll erlebten Tätigkeit.

Die vorherrschende *Trennung zwischen Arbeit und Leben* wird als unsinnig zurückgewiesen, vielmehr sollen sowohl das Arbeiten als auch das private Leben als sinnvoll erlebt und miteinander vereinbar gestaltet werden. Dabei soll der Arbeitgeber der Vielfalt der individuellen Lebensstile Rechnung tragen und durch eine Flexibilisierung der Arbeitszeiten und des Ortes der Arbeit eine Integration von privatem und beruflichem Leben ermöglichen.

Die *technischen Möglichkeiten der digitalen Zusammenarbeit* beschleunigen die modernen Arbeitstrends in den Organisationen. Die während der coronabedingten Lockdown-Phase gemachten Erfahrungen mit Homeoffice und Remote-Arbeitsplätzen wurden überwiegend als effektiv erlebt, was zu einer festen Institutionalisierung von hybridem Arbeiten geführt hat.

Das *Mitarbeiter-Führungs-Verhältnis* wird im New Work neu definiert durch den Leitgedanken: Kompetenz vor Hierarchie. Dies räumt dem Expertenwissen Vorrang gegenüber dem Hierarchiewissen sein; Entscheidungen sollten auf der Expertenebene fallen. Je nach Konsequenz der Umsetzung des New-Work-Gedankens wird die Daseinsberechtigung von Führungskräften in aller Regel nicht grundsätzlich abgelehnt, die Erwartungen an die Führungsrolle sind jedoch massiv verändert. Im New Work fällt der Führungskraft die Rolle des Enablers, des Ermöglichers von guter Zusammenarbeit und der Entfaltung des Einzelnen zu. Coaching ist o. k., Ansage undenkbar.

New Work und transformationale Führung

Es ist zu beobachten, dass im New Work transaktionalen Managementmethoden zunehmend das Wasser abgegraben wird, wohingegen die transformationalen Elemente der 4i (s. Kapitel 2.2) an Bedeutung gewinnen. Da New Work auch als ein Antwortversuch der Organisationen auf die Herausforderungen einer v.u.k.a.-Welt zu verstehen ist, verwundert es nicht, dass der Trend hin zu einer transformationalen Führungskultur in Unternehmen durch New Work eine weitere Beschleunigung erfahren hat.

In der transformationalen Führung kommt der Führungskraft als integres Vorbild eine zentrale Bedeutung zu. Die Autorität erhält die Führungskraft mithin durch ihre charakterliche Unbescholtenheit und ihre ideelle Klarheit, nicht durch einen hiearchischen Status im Organigramm. Dieses Führungsverständnis ist vereinbar mit dem Vorrang von Kompetenz vor Hierarchie.

Das i der intellektuellen Herausforderung lebt davon, ein Arbeitsumfeld zu schaffen, in dem sich möglichst alle Teammitglieder eingeladen und psychologisch sicher fühlen, alternative Meinungen zu äußern und Ideen einzubringen. Die häufig als basisdemokratisch wahrgenommene New-Work-Bewegung findet sich in diesem Führungsverständnis wieder und strebt ihrerseits danach, eine gute Feedback- und Lernkultur zu etablieren und so allen Teammitgliedern Gehör zu verschaffen.

Herkömmliche, transaktionale Managementmodelle leben davon, klare Aussagen über die Erwartungen an Mitarbeitende zu treffen und dann das Verhalten der Mitarbeitenden zu überwachen. Diese Command-and-Control-Führung hat durch die zwangsweise Einführung von Homeoffice während des coronabedingten Lockdowns ein abruptes und für viele Manager erschreckendes Stop-Schild gesetzt bekommen. Mit einem Mal ließen sich der Ort und die Zeiten der Arbeit bei den Mitarbeitenden nicht mehr einfach überwachen. Es blieb den Führungskräften nichts anderes übrig, als zu vertrauen, ein Element, das in der transformationalen Führungswelt schon immer ein Bestandteil der DNA war.

Transaktionale Manager mit einem starken inneren Bedürfnis, ihre Mitarbeitenden zu kontrollieren, werden von der Annahme geleitet, dass Mitarbeitende in Menge und Qualität weniger leisten, wenn sie unbeobachtet sind oder sich unkontrolliert fühlen. Manager mit dieser Grundhaltung hatten es während der coronabedingten Lockdownphase nicht nur schwer, sie haben sich auch falsch verhalten und eine Spirale des Misstrauens ausgelöst: Aus der Annahme, dass Mitarbeitende zu Hause nicht genügend gut und viel arbeiten, kontrollierten sie, indem sie eine entgrenzte Verfügbarkeit (»always-on-culture«) verlangten. Das Stresslevel der Mitarbeitenden stieg, die Qualität der Arbeit sank, es wurde immer mehr kontrolliert und misstrauisch nachgehakt. Teilweise wurden abstruse Überwachungsmechanismen und Kontrollen eingeführt, die Motivation und das Engagement der Mitarbeitenden gingen dadurch tatsächlich auf Talfahrt und die Krankenstände nahmen zu.

Anders die transformationalen Führungskräfte, welche weniger das Bedürfnis nach Kontrolle verspüren, auch weil sie von der Annahme geleitet werden, dass alle Mitarbeitenden freiwillig und selbstgewollt ein aktives Mitglied der aktuellen gemeinsamen (Arbeits-)Reisegruppe sind. Freiheit und Verantwortung waren schon immer wesentliche Elemente ihres Führungsverständnisses. In der Annahme, dass Arbeit zu Hause eben vor allem eines ist, nämlich Arbeit, bemühten sie sich während der Lockdown-Phase darum, möglichst rasch die technologischen und betriebstechnischen

Herausforderungen von Homeoffice zu klären und den Mitarbeitenden den bestmöglichen Arbeitsplatz zu verschaffen, den man zu Hause zwischen Waschmaschine, begrenzten Räumlichkeiten, Home-Schooling und dem Annehmen von Paketdiensten haben kann. Die Mitarbeitenden dankten es mit der berühmten Extrameile, waren auch zu Randzeiten verfügbar und erlebten sich unter den schwierigen Rahmenbedingungen als wirksam. Die Spirale des Vertrauens führte letztlich zu einem gesteigerten Engagement und einer höheren Produktivität.

Auch die beiden weiteren i der transformationalen Führung, die individuelle Berücksichtigung und die inspirierende Motivation, stehen im Einklang mit den Prinzipien des New Work. Hier kommt der Führungskraft die Rolle des Ermöglichers und Coaches zu. Man nimmt ohnehin nicht an, dass eine einzelne Führungspersönlichkeit alleine den Herausforderungen einer v.u.k.a.-Welt gerecht werden kann, daher muss man auch garnicht erst diesen Eindruck erwecken. Die Führungskraft soll aber durchweg bemüht sein, der Leistungsfähigkeit des Kollektivs und jedes einzelnen Teammitglieds bestmöglich zur Entfaltung zu verhelfen. Dies ist die individuelle Berücksichtigung in der transformationalen Führungsphilosophie.

Die Motivation durch Inspiration zu sichern, ist Teil des vierten i der transformationalen Führung. Im New Work ist die diesbezügliche Erwartung an Führungskräfte zwar gering, da man eigentlich nicht erwartet, dass jemand Drittes die Flamme der Motivation entzünden kann, aber die Führungskraft soll zumindest nicht hinderlich sein, wenn ein Team aus sich selbst heraus eine Idee entwickelt, für die es sich lohnt, Energie zu aktivieren und diese auf eine anregende und die Anstrengung lohnende Idee hin auszurichten.

In Summe lässt sich festhalten, dass sich die transformationalen Führungsprinzipien während der gesellschaftlichen Veränderungen des coronabedingten Lockdowns und im Rahmen der in den Organisationen zu beobachtenden Veränderungen der Führung und Zusammenarbeit in der New-Work-Bewegung als überlegen erwiesen haben. Die transaktionalen Managementmethoden des Command-and-Control haben in den letzten Jahren weiter an Boden verloren. Selbst in Krisenzeiten verfallen Teams und Organisationen nicht mehr blind dem Ruf nach einer einzelnen starken Führerpersönlichkeit. Die transformationale Führung reduziert die mit einer Krise verbundenen Risiken und gibt Organisationen die Chance, besser und gestärkt aus herausfordernden Phasen hervorzugehen.

Die transformationale Führung ist die Führung des Wandels. In Zeiten von New Work und coronabedingtem Lockdown hat sie ihre Vorzüge und Effektivität bewiesen. Herkömmliche Top-Down- und Command-and-Control-Ansätze der Führung haben weiter an Boden verloren.

New Work und Selbstführung

Bis heute gibt es keine organisierte, ernstzunehmende Gegenbewegung zu New Work. Dies liegt vermutlich daran, dass die Grundüberzeugungen, die im New Work enthalten sind, schwerlich grundsätzlich eine Gegenmeinung zulassen. Es gibt vermutlich kaum jemanden, der sich vor das eigene Team stellt und behauptet, ein selbstbestimmteres Arbeiten, die Übernahme von Verantwortung von möglichst Vielen und ein Führungsverständnis, das vor allem auf Kompetenz und nicht auf Schulterklappen setzt, lehne man ab. In Summe führen die in den Organisationen seit einigen Jahren zu beobachtenden Entwicklungen des New Work tatsächlich zu mehr Freiheit, Mitbestimmung und Demokratie, und wohl auch zu menschlicheren und gesünderen Arbeitsbedingungen.

Nehmen wir diese veränderten Rahmenbedingungen der Arbeitswelt, so beeinflussen diese auch die Herausforderungen in der Selbstführung. Sowohl für Mitarbeitende mit als auch ohne formale Führungsverantwortung resultiert eine zunächst einmal gesteigerte Erwartungshaltung, die organisational bereitgestellten Freiheiten auch möglichst erfolgreich gestalterisch zu nutzen. Wir sehen erneut den Zusammenhang zwischen Freiheit und Verantwortung.

In Zeiten der gesteigerten Freiheiten im New Work ist von allen ein Mehr an Selbstführung gefordert.

Der Preis für mehr Freiheit und Selbstbestimmung am Arbeitsplatz ist hoch. Die wichtigsten Herausforderungen im New Work resultieren aus der Rücknahme an Führung, weil Führungskräfte, denen das Führen als negativ dargestellt wird, plötzlich gar keine Führung mehr praktizieren. Der Grad zwischen einem transformationalen Führungsstil mit starken Elementen der Befähigung, des Coachings und des abgestimmten Einräumens von Arbeitsautonomie zu einem Führungsstil des Laissez-faires ist in der Praxis tatsächlich sehr schmal. Wenn Führungskräfte im New Work nicht mehr, sondern weniger Führung praktizieren, funktioniert New Work aber nicht.

Es ist ein großes Missverständnis des New Work, dass weniger Führung benötigt wird.

Es braucht im New Work Führungskräfte, die transformational führen, und keine transaktionalen Ansage-Typen, aber auch keine Laissez-faire-Führungskräfte. Im Zweifel wäre es sogar besser, gar keine Führungskraft zu haben als eine schlechte: Die empirische Führungsstilforschung zeigt, dass Gruppen besser leisten, wenn sie nominell keine Führung haben, als wenn sie zwar nominell eine Führungskraft haben, diese dann aber nicht führt.

Als die wichtigsten Risiken im New Work werden eine Entgrenzung der Arbeit, erhöhter Stress und Überforderung durch mangelnde Klarheit oder ausbleibende Entscheidungen und ein gesteigerter Bedarf an Kommunikation und Abstimmung durch fortlaufendes Aushandeln von Rollen und Verantwortlichkeiten genannt. Wenn man diese Gefahren genauer betrachtet, lässt sich erkennen, dass der Schlüssel zum Erfolg mehr und bessere Kommunikation ist. Eine gute Führungskraft im New Work muss diese Kommunikation organisieren. Alle Risikofaktoren des New Work verlangen nach einem Mehr an Führung, nicht nach weniger.

Ebenso wie in der Führung ein Mehr an Kommunikation, Abstimmung und letztendlich resultierender Klarheit erforderlich ist, so verlangt uns New Work ein Mehr an Selbstführung ab. Die Elemente der Selbstführung sind ebenfalls kommunikativer Natur; es braucht ein Mehr an Selbstbeobachtung, innerem Dialog und resultierender Klarheit über die eigenen Vorstellungen zur Zukunft. Und analog zu den Vorzügen der transformationalen Führungselemente 4i im New Work versprechen in den vagen und unbestimmten Rahmenbedingungen des modernen Arbeitens genau diese vier Elemente der transformationalen Führung einen Vorteil in der effektiven Führung von uns selbst.

2.4 Der richtige Mix

Bislang haben wir in diesem zweiten Kapitel im Wesentlichen die transaktionale und die transformationale Führung als die vorherrschenden Führungstile in der aktuellen Arbeitswelt vorgestellt. Diese beiden Führungsphilosophien wenden wir im kommenden Kapitel auf das Führen von uns selbst an. Die folgende Tabelle fasst noch einmal stichpunktartig die Charakteristika und Unterschiede dieser beiden Führungsstile zusammen.

	Transaktionale Führung	**Transformationale Führung**
Wesenskern	Austausch	Wandel
Orientierung	Fehlervermeidung	Potenzialentfaltung
Motivationskräfte	Belohnung und Bestrafung	Sinnstiftung
Rolle der Führungskraft	Effizienter Manager	Visionärer Führer
Fokus der Führungskraft	Die Dinge richtig machen	Die richtigen Dinge machen
Führungsbeziehung	Zweckrational	Persönlich-vertraulich
Erwartete Ergebnisse	Zielerreichung	Kreativität und Hochleistung
Sicht auf die Umwelt	Planbar und stabil	Unberechenbar und volatil
Besondere Eignung	Ziel und Weg sind bekannt	Neue Wege finden
Metaphorischer Vergleich	Puppenspieler	Exkursionsleiter

Charakteristika und Unterschiede transaktionaler und transformationaler Führung

Stehen sich die beiden Führungsstile tatsächlich so unvereinbar gegenüber, wie es die tabellarische Aufstellung nahelegt? Oder gibt es nicht eine gute Berechtigung für den Einsatz beider Stile, je nach Rahmenbedingung und Möglichkeit? Wir sind aufgrund der überwältigenden Anzahl an empirischen Studien, die die positiven Effekte der transformationalen Führung belegen, und aufgrund unserer eigenen Erfahrungen bei der Einführung des Konzepts der transformationalen Führung in Unternehmen, Teams und im Einzelcoaching klare Befürworter der transformationalen Führung. Dennoch erkennen wir an, dass man auch mit einem transaktionalen Führungsstil gute Ergebnisse erzielen kann. Unter speziellen Rahmenbedingungen ist die transaktionale Führung sogar empfehlenswert.

Unter welchen Bedingungen und zu welchen Anlässen aber empfehlen wir die transaktionale Führung? Eine wichtige Voraussetzung für die Anwendbarkeit eines transaktionalen Führungsstils ist die Klarheit über das Ziel und idealerweise über den Weg zum Ziel. Wenn es beispielsweise darum geht, eine Aufgabe, für die ein bester Weg der Bearbeitung bereits bekannt ist, wiederholt und möglichst fehlerfrei auszuführen, kann die transaktionale Führung zu guten Ergebnissen führen. In diesem Rahmen machen auch Belohnungssysteme Sinn; Leistung gegen Bezahlung, mehr Leistung gegen mehr Bezahlung.

Der psychologische Erfolgshebel eines Zielvereinbarungssystems besteht darin, dass sich die Mitarbeiter fokussieren können. Aus dem Universum der Handlungsmöglichkeiten wird zwischen dem Vorgesetzten und dem Mitarbeiter vereinbart, welche Aktivitäten gewünscht und auszuführen sind. Durch die Reduktion der Möglichkeiten auf exakt die gewünschten Handlungen erfolgt eine kurzfristige Fokussierung der Lebensenergie auf ein gewünschtes Ziel hin. Diese Vorgehensweise der transaktionalen Führung kann bei einem kurzen Planungshorizont zum Erreichen eines genau definierten Ziels hilfreich sein.

Auf kurzfristige Sicht hin kann es Sinn haben, ein Ziel genau zu definieren und das eigene Handeln exakt auf das Ziel auszurichten.

Weiterhin empfiehlt sich die transaktionale Führung für das Regulieren und Steuern bei wiederkehrenden Fragestellungen, Fehlerquellen oder Konfliktfeldern. Die transaktionale Führung normiert das Leben durch Standards, Spielregeln, Anweisungen, Verordnungen und dergleichen. Die Grenzen einer derart regulierten Arbeitswelt zeigen sich heute noch schneller als früher, weil sich die Umweltbedingungen so schnell wie nie zuvor in der Geschichte der Menschheit verändern. Dennoch: Regulierungen haben ihre Berechtigung überall dort, wo Probleme öfter auftreten. Es gilt: so wenig Form wie nötig, so viel Flexibilität wie möglich.

Wiederkehrende Konfliktfelder in Unternehmen sind beispielsweise Fragen nach einem fairen Lohn beziehungsweise welche Leistung für welches Gehalt erbracht werden soll. Ebenso konfliktträchtig sind Fragen der Arbeitszeit, der Urlaubsregelung oder der Trennung. Für derart basale Fragen zur Regelung der Zusammenarbeit empfehlen sich Vereinbarungen. Dies wird in Form von Arbeitsverträgen typischerweise reguliert.

Das Regulieren und Ordnen im Sinne der transaktionalen Führung macht überall dort Sinn, wo wiederkehrende Konfliktfelder vorliegen. Ein begrenztes Maß an Grundregeln kann die Basis für ein dynamisches und leistungsfreudiges Arbeiten im Team bedeuten.

In der Führungsliteratur gibt es noch zwei weitere Musterfälle, für die ein transaktionaler Führungsstil empfohlen wird: die Krisensituation und das Projektgeschäft. Wir stehen diesen Empfehlungen skeptisch gegenüber, weil wir die Ansicht vertreten, dass Krisensituationen vielmehr einen Lackmustest darstellen, wie ernst es die Unternehmensführer wirklich mit einem transformationalen Führungsstil halten. Wird bei den ersten Anzeichen einer Krise in einem Unternehmen reflexartig und einseitig auf Kosteneinsparung, Investitionsstopp und Personalabbau gesetzt, geht Vertrauen in die Glaubwürdigkeit der Führung verloren, insbesondere wenn vormals explizit und aufwendig die transformationale Führung in der Unternehmung trainiert und propagiert wurde. Ganz im Gegenteil bietet die transformationale Führung den besseren Rahmen zur Bewältigung einer Krisensituation, weil sie auf die Mobilisierung der Intelligenz des Kollektivs setzt und ihrem Wesenskern nach die Führung des Wandels ist.

Ähnlich verhält es sich mit dem Projektgeschäft. Projekte zeichnen sich durch ihre Einmaligkeit und die Eingrenzung auf ein vorab definiertes Ziel aus. Die Zielorientierung im Projektgeschäft legt einen transaktionalen Führungsstil nahe, tatsächlich zeigt sich aber in empirischen Vergleichsstudien, dass Projektteams bessere Ergebnisse erzielen, wenn die Projektleitung einen transformationalen Führungsstil praktiziert. Diese Effekte sind umso stärker, je mehr Innovation und kreative Problemlösung vom Projektteam erwartet werden.

In Krisensituationen und im Projektgeschäft ist es nicht angezeigt, von einer transformationalen Führungshaltung abzuweichen und transaktional zu führen.

Zusammenfassend lässt sich festhalten, dass ein transformationaler Führungsstil empfehlenswert ist und vorherrschend sein sollte. Für Teilschritte, die einen kurzfristigen und gut überschaubaren Planungshorizont haben, kann es angezeigt sein, die Handlungsmöglichkeiten einzuschränken und die Energie auf ein exakt definiertes Ziel zu lenken. Weiterhin kann es Sinn machen, sich einigen wenigen Regeln zu unterwerfen, um wiederkehrende, konfliktträchtige Fragen des Zusammenlebens dauerhaft zu klären.

Metaphorisch ausgedrückt muss der transformationale, entdeckungsfreudige Exkursionsleiter während einiger weniger Phasen der gemeinsamen Reise ein klares Etappenziel vorgeben und die Energie der Gruppe auf genau dieses Ziel ausrichten. Oder mit Pathos formuliert: Ein Mitarbeiter muss merken, dass das Herz des Vorgesetzten transformational schlägt. In diesem Rahmen kann der Vorgesetzte dann vorübergehend und aus begründetem und nachvollziehbarem Anlass transaktionale Führungselemente mit einbauen, ohne seine Glaubwürdigkeit als transformationaler Führer einzubüßen.

Es ist möglich, transaktionale Führungselemente in eine grundsätzlich transformationale Führungshaltung zu integrieren.

Bereits die Urheber der Begrifflichkeiten der transaktionalen und transformationalen Führung, Bass und Avolio, haben betont, dass die beiden Führungsstile sich nicht unüberwindbar gegenüberstehen oder gar unabhängig voneinander sind (B. Bass & B. Avolio, 1993). Vielmehr legen sie eine bestimmte Mischung aus beiden Führungswelten nahe, was sie in Form eines sogenannten *Leadership-Grids* darstellen.

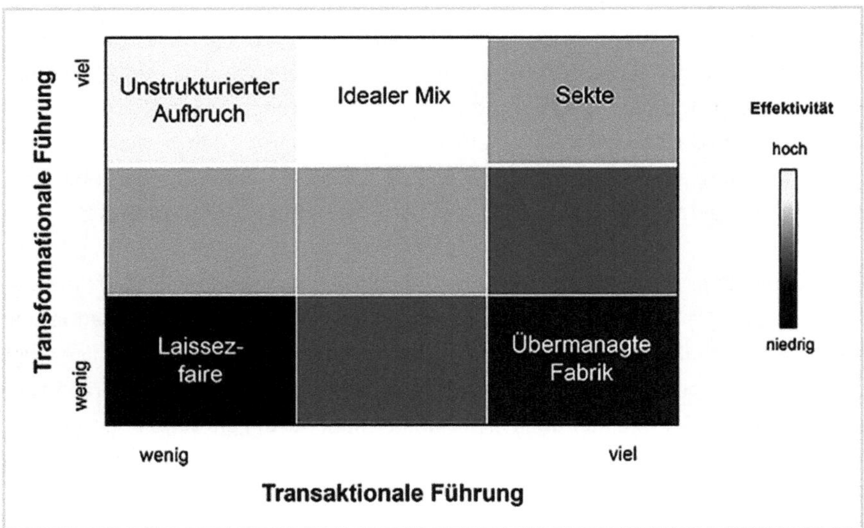

Abb. 6: Leadership-Grid – Wie der ideale Führungsmix aussieht

Anders als in vergleichbaren, zweidimensionalen Darstellungen geht es bei der Kombination der beiden Führungsstile nicht um ein Maximum von beidem. Vielmehr empfehlen Bass und Avolio und in der Nachfolge viele Führungsforscher weltweit, eine maximale Ausprägung der transformationalen Führung zu kombinieren mit einem moderaten Ausmaß an transaktionalen Führungselementen. Im abgebildeten Leadership-Grid entspricht diese Empfehlung dem Feld oben in der Mitte. Von dieser

Kombination aus transaktionaler und transformationaler Führung wird statistisch betrachtet die größte Führungseffektivität erwartet.

Weiterhin lässt sich aus dem Leadership-Grid erkennen, dass es von der transformationalen Führung kein Zuviel gibt, wohingegen ein hohes Ausmaß an transaktionaler Führung die Effektivität von Teams wieder sinken lässt. Offenbar würgt ein Übermaß an Regulierung und Steuerung Energie und Kreativität ab. Zudem müssen wir bedenken, dass die transaktionale Führung generell in unsicheren Zeiten an ihre Grenzen kommt und nur für kurzfristige, überschaubare Teiletappen angezeigt ist.

Es bleibt festzuhalten, dass die transformationale Führung der transaktionalen Führung überlegen und gerade in unsicheren Zeiten des Wandels der empfehlenswerte Führungsstil ist. Was sich, empirisch eindrücklich belegt, in der Führung von Teams und Mitarbeitern bewährt hat, sollte doch auch in der Führung von uns selbst gelingen. Wir wenden daher die Ideen und die Haltung der transformationalen Führung auf uns selbst an.

Es ist möglich, sich auch in unsicheren Zeiten zu führen, wenn man die Haltung und die Handlungsempfehlungen der transformationalen Führung auf sich selbst anwendet.

3 Wege zur transformationalen Selbstführung

Dieses dritte Kapitel stellt die Verbindung her zwischen den Erkenntnissen der aktuellen Führungsstilforschung, wie wir sie im zweiten Kapitel zusammengefasst haben, und der konkreten Anwendung der 4i der transformationalen Führung auf die Selbstführung mit Übungen und Anregungen zur Selbstreflexion, wie sie im vierten Kapitel folgen wird. Im Einzelnen geht es in diesem dritten Kapitel darum, die Essenz aus den vorab diskutierten Führungsstilen zu ziehen und die zugrundeliegende Haltung der transformationalen Führung herauszuarbeiten. Diese wenden wir dann unmittelbar auf die Selbstführung an und zeigen auf, welche Haltungen und Annahmen übertragbar sind und was sie für eine mögliche transformationale Selbstführung bedeuten. Wie grenzt sich diese transformationale Haltung von einer transaktionalen Haltung ab? Warum macht eine transformationale Haltung in der Selbstführung in unsicheren Zeiten mehr Sinn? Und warum macht sie einem das Leben leichter?

Die transformationale Führung ist die Führung des Wandels. Sie eignet sich auch in volatilen, unsicheren, komplexen und mehrdeutigen Zeiten für das Führen von Menschen. Die Erkenntnisse aus der Forschung, die sich mit der Effektivität von Führungsstilen beim Führen von anderen befasst, übertragen wir in diesem dritten Kapitel auf die Führung von uns selbst. Dafür arbeiten wir zunächst die Essenz aus dem vorherigen Kapitel heraus: Was ist die zugrundeliegende Haltung in der transformationalen Führung? Unter *Haltung* verstehen wir Grundannahmen über das Wesen und Funktionieren der Welt, insbesondere auch Annahmen und Glaubenssätze über das Zusammenleben von Menschen in unserer heutigen Zeit.

3.1 Die transformationale Haltung

Die Zukunft ist ein Raum der Möglichkeiten: Die transformationale Haltung ist durch ein grundlegend positives Bild von der Zukunft gekennzeichnet. Zukunft wird als ein Möglichkeitsraum gesehen, in dem ausprobiert und entdeckt werden kann und in dem eine persönliche Entfaltung möglich ist.

Orientierung durch Sinn: Nicht die großen, langfristigen Ziele, die durch die Dynamik der Umwelt immer wieder über den Haufen geworfen werden können, geben Orientierung. Es geht bei der transformationalen Haltung vielmehr darum, einem Projekt, einem Lebensabschnitt oder gleich dem gesamten Leben einen Sinn zu geben. Die eigenen Handlungen ergeben sich schrittweise als Etappen auf einem in Gänze als sinnvoll und stimmig erachteten Lebensweg. Sie sind von innen getrieben und damit widerstandsfähig gegenüber Irritationen von außen.

Veränderungen stellen einen Mehrwert dar: Hat man die transformationale Haltung verinnerlicht, gehört die regelmäßige Reflexion von Veränderungen im Inneren und Äußeren zur Routine. Die Akzeptanz von Wandel und Entwicklung ist eine Konstante. Veränderungen werden nicht als Bedrohung angesehen, sondern gesucht, um aktiv agieren zu können statt nur zu reagieren. Es geht um psychologische Flexibilität, statt sich mit selbstregulativen Maßnahmen zur Anpassung zu zwingen.

Ich kann Lernender und trotzdem vollkommen sein: Die transformationale Haltung impliziert auch einen wohlwollenden Blick auf das eigene Selbst. Mit Neugier und Achtsamkeit werden eigene Stärken und Bedürfnisse entdeckt, auf die man vertrauen kann und die als Ressourcen für die Zukunft willkommen geheißen werden. Aber auch eigene Unzulänglichkeiten werden nicht mit Argwohn betrachtet, sondern als Teil des Selbst akzeptiert oder als Entwicklungsfeld verstanden. Fehler sind absolut erlaubt.

Querdenken statt in der Linie verharren: Bestehendes infrage stellen, die eigene Komfortzone erweitern, mal um die Ecke denken, auch das bedeutet es, eine transformationale Haltung einzunehmen. Es geht darum, sein eigenes Denken und Verhalten dahingehend zu prüfen, ob es in der bestehenden Form jetzt und in näherer Zukunft noch sinnhaft erscheint. Sorgt es für immer mehr Probleme oder kann ich mich freidenken, um weiter lösungsorientiert handeln zu können?

Eine Haltung, die mit diesen Überzeugungen einhergeht, bietet die Chance, die eigene Widerstandsfähigkeit zu erhöhen und sich damit unabhängiger von den dynamischen Umwelteinflüssen zu machen. Durch die Konzentration auf die Steuerung eigener Denk- und Verhaltensweisen wird der Fokus auf die Dinge im eigenen Leben gerückt, die ich beeinflussen kann. Die transformationale Haltung kann eine Wegbewegung vom inneren Autopiloten hin zu einem Leben als Autor in einer unsicheren Welt sein.

Die acht Punkte der transformationalen Haltung

Wir fassen die Haltung in der transformationalen Führung in acht Punkten zusammen:

1. Die Zukunft wird als Raum von Möglichkeiten betrachtet und ist gestaltbar. Wir haben es selbst in der Hand.
2. Der Mensch hat manifest gewordene Erfahrungen und Kompetenzen, die als Ressourcen für die Gestaltung der Zukunft genutzt werden können.
3. Der Mensch hat noch nicht manifest gewordene Potenziale und kann sich zu jedem Zeitpunkt seines Lebens entwickeln.
4. Der Mensch hat die natürliche Tendenz, sich zu entwickeln, solange er nicht durch feindliche und frustrierende Umweltbedingungen daran gehindert wird.

5. Entwicklung an sich hat einen Wert, sowohl auf persönlicher als auch auf Paar-, Team- oder Organisationsebene.
6. Das Leben hält Herausforderungen bereit, durch deren Bearbeitung der Mensch besser wird; er muss dafür von seiner Fähigkeit zur Selbstreflexion Gebrauch machen und sich als Autor verstehen.
7. Die Umwelt verändert sich dynamisch und kann von keinem Menschen kontrolliert werden. Begegnet man der Zukunft transformational, wird man an den Herausforderungen nicht zerbrechen, sondern persönlich wachsen.
8. Es lohnt sich für einen Menschen, herauszufinden, welche Lebensbereiche bedeutsam sind, und diesen Themen Platz im eigenen Leben einzuräumen.

Die acht Punkte der transaktionalen Haltung

Die acht Punkte einer transformationalen Haltung lassen sich zum Kontrast einer herkömmlichen transaktionalen Haltung gegenüberstellen. Die transaktionale Haltung lässt sich dann wie folgt kennzeichnen:

1. Die Zukunft hält unvorhersehbare Störungen und Gefährdungen des Erreichten bereit, vor denen wir uns schützen müssen.
2. Jeder Mensch hat Fertigkeiten, die ihm den Platz in der Gesellschaft zuweisen, an dem er nützlich sein kann.
3. Der Mensch kann trainiert und geformt werden. Die Trainierbarkeit ist begrenzt durch seine Anlage und nimmt mit dem Alter ab.
4. Der Mensch braucht attraktive Ziele und Anreize, um die Anstrengungen des Lernens auf sich zu nehmen.
5. Es gilt, Leistung im Hier-und-Jetzt zu zeigen. Entwicklung hat nur einen Wert, um zukünftig noch mehr Leistung zeigen zu können.
6. Das Leben hält Herausforderungen bereit, die als Störungen auf dem Weg zur Zielerreichung interpretiert werden und entsprechend bekämpft oder vermieden werden müssen.
7. Der Mensch kann prinzipiell Kontrolle auf sich und seine Umwelt ausüben und sollte danach streben.
8. Es gilt, Profit zu maximieren und dafür auch unangenehme Lebenssituationen ertragen zu lernen und sich selbst im Sinne der Ziele zu disziplinieren und zu regulieren.

Selbsttest: Wie schlägt mein Herz, transformational oder transaktional?

An dieser Stelle bietet sich eine persönliche Selbstüberprüfung an. Wie schlägt mein Herz, transformational oder transaktional? Welcher der beiden kontrastierten Haltungen fühle ich mich verbundener? Welche erscheint mir sympathischer? Welche Haltung möchte ich zukünftig leben?

Ein schneller **Selbsttest** könnte beispielsweise so ablaufen: Zu welchen Aussagen kann ich jeweils Ja sagen? Bei welcher Haltung habe ich öfter Ja gesagt?

Die folgende Tabelle stellt die transformationale und transaktionale Haltung noch einmal überblicksartig gegenüber.

Die Haltung ist …	transaktional.	transformational.
Die Zukunft …	kann das Erreichte gefährden.	ist ein Raum der gestaltbaren Möglichkeiten.
Die Kompetenzen des Menschen …	determinieren seine Nützlichkeit.	sind Ressourcen für die Gestaltung der Zukunft.
Die Potenziale des Menschen …	sind durch die Anlage und das Alter begrenzt.	können zu jedem Zeitpunkt im Leben aktiviert werden.
Das Lernen …	nimmt der Mensch nur bei Anreizen auf sich.	ist eine natürliche Tendenz des Menschen.
Die persönliche Entwicklung …	ist nützlich zur Steigerung der Leistung.	stellt einen Wert an sich dar.
Die Unwägbarkeiten des Lebens sind …	Störungen auf dem Weg zur Zielerreichung.	Herausforderungen zu persönlichem Wachstum.
Die Umwelt ist prinzipiell …	kontrollierbar, und wir sollten nach Kontrolle streben.	nicht kontrollierbar, und wir sollten ihr offen begegnen.
Im Leben gilt es, …	die eigene Leistung und den Profit zu maximieren.	mehr vom Bedeutsamen zu tun und Sinn zu maximieren.

Eine Haltung beinhaltet Grundannahmen über das Wesen und Funktionieren der Welt. Haltungen können sich im Verlauf des Lebens entwickeln und sind nicht starr. Allerdings weisen sie eine Stabilität auf, die eine phasenweise Stimmung überdauert. Aus psychologischer Sicht nehmen wir an, dass eine zugrundeliegende Haltung unsere Wahrnehmung lenkt und filtert, unsere Interpretation des Wahrgenommenen beeinflusst und schließlich auch unsere Reaktionen und Aktionen mitbestimmt. Eine Haltung manifestiert sich durch unsere Worte und Taten.

Interessanterweise wirken unsere Aussagen und Handlungen zurück auf uns und unsere Haltung: Wenn wir etwas sagen oder tun, nehmen wir an, dass es wohl schon richtig und sinnvoll war, und schließen daraus wiederum auf unsere eigene Haltung. Manchmal rutschen uns Aussagen über die Lippen, die uns selbst überraschen. Dies kann in der Folge einen *Selbstdialog* auslösen, bei dem das Gesagte oder Getane kritisch mit der bisherigen, vermuteten Haltung abgeglichen wird. Durch derartige selbstreflexive Prozesse lernen wir uns selbst besser kennen und können unsere Haltungen expliziter benennen.

In der Selbstführung ist es wichtig, sich selbst gut zu kennen und sich seine Grundannahmen über das Wesen und Funktionieren der Welt bewusst zu machen.

Haltungen werden durch unsere Aussagen und Handlungen für uns selbst und für Außenstehende sichtbar. Welche Verhaltensweisen sind demnach typisch für einen Menschen, der eine transformationale Haltung einnimmt? Wenn es um das Verhalten eines transformationalen Führers geht, finden wir ein umfassendes Bündel an wissenschaftlichen Publikationen vor, welche spezifische Verhaltensweisen von transformationalen Führern beschreiben. Wir haben diese im zweiten Kapitel zusammengefasst und in Form des Modells der 4i der transformationalen Führung kategorisiert und dargestellt.

Doch welche Verhaltensweisen sind nun typisch für einen Menschen mit einer transformationalen Haltung im Umgang mit sich selbst? Wie praktiziert man transformationale Selbstführung? In der Folge werden wir nun zunehmend konkreter in der Beschreibung von typischen Verhaltensweisen von transformationalen Selbstführern. Dafür verwenden wir das Modell der 4i der transformationalen Führung als Orientierungshilfe.

3.2 Die 4i der Selbstführung

Das *Modell der 4i* wird von Forschern weltweit zur Sammlung und Kategorisierung von Verhaltensweisen von transformationalen Führungskräften verwendet (z.B. R. Wunderer, 2011). Wir nehmen die vier Überschriften dieses Modells und wenden sie auf die Selbstführung an. Die nachfolgenden Ausführungen operationalisieren die vorab beschriebene transformationale Haltung. Zum Abschluss dieses Kapitels fassen wir die aufgezeigten Handlungen in einer Grafik zusammen.

3.2.1 Inspirierende Motivation

Unter inspirierender Motivation wird in der transformationalen Führung verstanden, dass eine Führungskraft mit der Antriebskraft der Sinnstiftung arbeitet anstatt mit eindimensionalen Belohnungs- und Bestrafungsmechanismen. Die Motivation, also die Bewegung, soll aus der Einsicht erfolgen, dass sich die Anstrengung lohnt, dass sie für den Einzelnen Sinn ergibt. Gute transformationale Führer können ein Bild der Zukunft ausmalen, das lohnenswert und attraktiv erscheint; nicht unbedingt in konkreten Zielfotos, sondern in einer Qualität, die anziehend ist. Es geht darum, zu inspirieren, die Vorstellungskraft anzuregen und das Team zum Aufbruch zu bewegen. Die Führungskraft selbst ist optimistisch und überzeugt, dass der Weg die Anstrengungen wert ist.

Im Gegensatz zur transaktionalen Führung, in dessen Mittelpunkt das Erreichen von vorab definierten Zielzuständen steht, geht es in der transformationalen Führung um

Sinn. Die Ziele, die wir erreichen, können nur Etappenziele sein. Die anstrengenden Reisen, nach denen wir uns endlich entspannt zurücklehnen, durchatmen und entspannen wollen, enden nie. Anstatt sich daher auf spezifische Zielfotos zu konzentrieren, sollte es um Sinnbilder gehen. Warum mache ich das eine? Warum unterlasse ich das andere? Ist meine Lebensenergie sinnvoll verteilt?

Abb. 7: Bedeutsamen Themen Platz im eigenen Leben einräumen

Auf die Selbstführung übertragen bedeutet der Aspekt der inspirierenden Motivation, sich selbst durch Inspiration zu motivieren. Es geht darum, zu erkennen, was für einen selbst bedeutungsvoll ist, und diesem dann im eigenen Leben mehr Raum zu geben. Die Inspiration ist gespeist aus der Vorstellungskraft einer positiven, von uns selbst zu gestaltenden Zukunft und gestärkt durch die Überzeugung, durch das eigene Wirken einen Schritt in die gewünschte Richtung unternehmen zu können.

In der transformationalen Selbstführung kommt der eigene Antrieb aus der Inspiration; es gilt, zu erkennen, welche Aktivitäten Sinn stiften, und diesen dann mehr Raum im eigenen Leben einzuräumen.

Es ist wichtig an dieser Stelle festzuhalten, dass es keiner *Lebensvision* bedarf, um sich selbst transformational zu führen. Zumindest für uns war diese Einsicht durchaus erleichternd, denn wir haben bis heute keine fertige, benennbare Vision für unsere Leben gefunden. Wir haben mit zahlreichen Menschen gesprochen, die darunter leiden, nicht die eine, alles determinierende Vision für ihr Leben zu haben. Das große Wozu des Lebens erscheint hilfreich, aber auch nahezu unerreichbar weit weg. Und wenn man es denn haben sollte, kann es auch schon wieder beengen.

Wenn es nicht die eine Lebensvision ist, die meinem Streben einen Sinn gibt, was kann es dann sein? Womöglich genügt es, für einzelne Lebensbereiche oder Lebensabschnitte einen Sinn zu finden. Es gilt auch hier wieder, sich nicht von zu detaillierten

Bildern und exakten Zielfotos leiten zu lassen. Vielmehr ermöglicht eine transformationale Haltung eine Erweiterung der Perspektive. Ein uns im Alltag bestimmendes Denken in Abschnitten, Aufgaben und Anforderungen muss ergänzt werden um ein Denken in großen Linien, in Prozessen, ein Denken im Fluss. Mehr denn je relativieren sich Ziele schneller in ihrer Bedeutung, als es uns als Beständigkeit suchende Wesen lieb sein kann. In unseren volatilen, unsicheren, komplexen und mehrdeutigen Zeiten können wir immer weniger Motivation und Energie aus den Zielen ziehen. Es muss etwas geben, das darüber hinaus Energie stiftet.

In der Haltung der transformationalen Selbstführung wird der Mensch als werdendes Wesen verstanden, das niemals fertig sein wird. Es gilt eben nicht nur, ein Ziel zu erreichen, sondern sich zu entwickeln und damit einen aktiven Beitrag zum Gelingen des eigenen Lebens zu leisten.

Was kann uns über das Verfolgen eines attraktiv erscheinenden Ziels hinaus antreiben? Was gibt uns Sinn und stiftet Energie? Letztlich muss jeder Mensch auf diese Fragen eigene Antworten finden. Das Schöne ist: Es bedarf nicht der einen Antwort für alle Sinnfragen des gesamten eigenen Lebens, sondern gesucht sind Lebensbereiche, die für einen bestimmten Zeitraum in einer naturgemäß einzigartigen Lebensphase Sinn stiften. Dazu zunächst ein Beispiel aus dem Spitzensport:

Fast alle Athleten, mit denen wir psychologisch arbeiten, haben letztlich den gleichen Traum: Olympiasieg oder wenigstens Olympiateilnahme. Fast alle sind von dieser Vorstellung und diesem Ziel bewegt und fasziniert. Aber fast niemand erreicht dieses Ziel. Die überwältigende Mehrheit der Athleten schafft nicht einmal die Qualifikation. Ist deren Tun und Streben deshalb also ein Scheitern? Wenn das Ziel nur mit einer derart geringen Wahrscheinlichkeit erreichbar ist, wieso streben dann trotzdem so viele Sportler danach?

Klar, die Athleten haben andere Ziele, setzen sich erreichbare Ziele für das kommende Jahr, die sich aus den Leistungen und Platzierungen der vergangenen Wettkampfperiode ableiten lassen. Diese Ziele sind aber immer nur Zwischenziele auf dem Weg zum großen Traum Olympia. Für eine winzige Minderheit ist es ein realistisches Ziel. Für die meisten ist es ein Traum, der zwar in weiter Ferne liegt, aber hier und heute sehr konkrete Energie für Trainingsfleiß und ein diszipliniertes Leben freisetzt. Damit erfüllt der Traum Olympia wesentliche Definitionskriterien einer Vision.

Spricht man mit nicht mehr aktiven Sportlern, die in ihrer Karriere Olympia nicht erlebt haben, so blicken die meisten letztlich positiv auf die Zeit als Athlet zurück, obwohl es entbehrungsreich war und vielleicht am Ende doch nicht von dem Erfolg gekrönt, der einen lange Jahre motiviert hatte.

Es muss also einen anderen Sinn geben, der in unserem Beispiel des Sportlers liegt, als der Sieg. Wenn es aber nicht der Sieg ist, was ist dann der Sinn? Man kann das sportliche Tun auch anders betrachten. Nicht vom Ziel oder Ergebnis her, sondern vom Wert, der dem Handeln zugrunde liegt. Das Wesen des Sports ist der Wettkampf, das Sichmessen, das Besserwerden. Das Wettkämpfen selber, das sich an einem Gütemaßstab Messen und an diesem Maßstab Wachsen, ist letztlich der Sinn, der im Leistungssport gefunden werden kann und der über das bloße Erreichen von Leistungs- und Platzierungszielen hinausgeht.

Das Wettkämpfen, das Streben nach Verbesserung und die Erfahrungen, die man dabei macht, sind letztlich die Triebfedern des Sporttreibens. Wer das als Sportler erkannt hat, der wird einen Wert und Energie für sein Handeln finden, unabhängig vom Ziel. Und der wird auch in der Lage sein, sich neue Ziele zu setzen, wenn sich die alten als unerreichbar oder unvereinbar mit den Werten herausstellen.

An diesem Beispiel aus dem Sport lässt sich die Unterscheidung zwischen Zielen und Sinn illustrieren, die maßgeblich ist für den Übergang von einer transaktionalen Selbstdisziplinierung und einer auf persönliches Wachstum ausgerichteten Leistungsfreude. Wir können uns sehr wohl einer auch länger andauernden Leidenszeit aussetzen, wenn dies für uns als wichtiger Schritt in einem als grundsätzlich sinnvoll erkannten Streben gesehen wird. Wer hingegen kein Warum hat, erträgt das Leben nur.

Der Weg zu einer transformationalen Selbstführung bedeutet eine Abkehr von der Zielorientierung hin zu einer Sinnmaximierung.

Wie lässt sich nun der Sinn für sich selbst finden? Als Erstes sei erinnert, dass es nicht erforderlich ist, gleich seinem ganzen Leben einen einzigen Sinn zu verpassen. Vielmehr geht es darum, für die unterschiedlichen Lebensbereiche, in denen man eine aktive Rolle einnehmen möchte, einen Sinn zu finden. Und schließlich sei erleichternd hinzugefügt: Es geht um Lebensabschnitte und Phasen von zunächst einmal nur wenigen Jahren oder Monaten. Wo möchte ich zukünftig mehr Energie investieren? Womit möchte ich mehr Zeit verbringen? Welche Schwerpunkte will ich in den nächsten Jahren setzen?

Für viele rückt persönliche Entwicklung und Entfaltung als Wert an sich in das Zentrum der Betrachtung. Wurde die persönliche Entwicklung bislang womöglich eher als Mittel zum Zweck der Zielerreichung gesehen, so bietet eine veränderte Sicht auf das Thema der persönlichen Entwicklung für viele ein großes Potenzial. Ich begreife mich als werdendes Wesen, das mit jeder Erfahrung, jeder Krise, jeder neuen Begegnung oder Konfrontation wächst. Dies ist eine schöne, lebenslange Aufgabe.

Für andere wiederum rückt das Geben und Lieben in den Vordergrund. Der Begründer der Logotherapie, Viktor Frankl, beobachtete, dass viele seiner Klienten eine sinnstiftende Lebensaufgabe in der Weitergabe von Wissen und Erfahrung oder im bedingungslosen Geben und Zuwenden gefunden haben. Demnach sollten wir den Blick von uns selbst abwenden und offen werden für die Bedürfnisse unserer Umwelt. Aus dem Blick nach außen kann dann der Erfolg resultieren bei der Suche nach dem Ort in der Gesellschaft, an dem man persönlich gefordert ist.

Nach Frankl (1966) können sinnstiftende Werte und Aktivitäten weiterhin in den folgenden drei Kategorien gefunden werden:

- Schöpferische Werte: Der Mensch schafft etwas Wertvolles aus sich heraus, beispielsweise indem eine Idee oder ein Projekt erfolgreich umgesetzt wird.
- Erlebniswerte: Der Mensch wählt die Aktivitäten so, dass er etwas Wertvolles erlebt, beispielsweise eine gute Begegnung, ein Event, eine künstlerische oder musikalische Aufführung, eine atemberaubende Natur. Hierbei wirkt die Umwelt auf den Menschen ein und nicht umgekehrt wie bei den schöpferischen Werten.
- Einstellungswerte: Hierbei rückt der Mensch als werdendes Wesen in den Blickpunkt. Das persönliche Wachstum und insbesondere die charakterliche Entwicklung des Menschen haben einen Wert an sich, der Sinn stiften kann.

Auf der Suche nach einer sinnstiftenden Lebensgestaltung finden es wiederum andere sinnvoll, ihren Lebensunterhalt unabhängig bestreiten, ein Eigenheim finanzieren oder ihren Familien ein materiell abgesichertes Leben bieten zu können. Auch Materielles kann Sinn stiften in einer bestimmten Lebensphase; wir müssen nicht stets nach dem vermeintlich moralisch Anspruchsvollen und ethisch Überlegenen streben. Die Antworten auf die Sinnfragen müssen nicht vor Dritten bestehen, sie müssen nur für einen selbst stimmig sein. Fühlt es sich gut und richtig an, wenn man Zeit und Energie in etwas investiert? Wenn ja, mach mehr davon!

Es bedarf keiner lebensübergreifenden Vision für eine sinnstiftende Selbstführung. Es genügt, die bedeutsamen Bereiche des eigenen Lebens oder Lebensabschnitts zu finden und in diese Zeit und Energie zu investieren.

Letztlich geht es um Bewusstheit. Ich erhöhe durch Bewusstheit meine Fähigkeit, von dem, was ich als das Gute erkannt habe, mehr zu tun. Während ich von dem Guten mehr tue, bereitet es mir Freude. Weil ich diese Freude empfinde, steigere ich gleichzeitig mein Bedürfnis, meine Lust, mehr davon zu tun. Gelingt es mir dann, mehr von dem Guten zu tun, bediene ich dieses gewachsene, bewusste Bedürfnis und erlebe Erfüllung. Ich handle im Einklang mit meinen Bedürfnissen.

Im nachfolgenden vierten Kapitel haben wir einige Übungen und Selbstreflexionsfragen ausgewählt und zusammengestellt, mit denen wir persönlich beziehungsweise in unserer Rolle als Coaches positive Erfahrungen gesammelt haben. Dort finden sich auch Anregungen, um sich selbst als Sinnsuchender noch besser auf die Schliche zu kommen.

3.2.2 Individuelle Berücksichtigung

Das zweite i der transformationalen Führung steht für individuelle Berücksichtigung Damit ist die Erwartung verbunden, dass transformationale Führungskräfte jedes Teammitglied einzeln berücksichtigen, dessen Stärken, Befindlichkeiten und Erwartungen kennen und dessen Potenziale sehen und fördern. Es geht darum, jeweils paarweise eine vertrauensvolle Brücke zu jedem einzelnen Teammitglied aufzubauen und jedem individuell zu helfen, seine Stärken einzubringen und seine Potenziale zu entwickeln. In die Rubrik der individuellen Entwicklung fallen auch das Coaching von Mitarbeitern und die Personalentwicklung. Eine transformationale Führungskraft sollte den Mitarbeitern helfen, möglicherweise angezogene Handbremsen zu lösen und Leistungsfreude zu entwickeln.

Übertragen auf die Selbstführung bedeutet das Konzept der individuellen Berücksichtigung einen empathischen und wertschätzenden Umgang mit sich selbst. Seine Stärken kennen, seine Potenziale ergründen und sich entwickeln sind wesentliche Elemente dieses Aspekts der transformationalen Selbstführung. Weiterhin sollte man achtsam mit sich und seinen Ressourcen umgehen und sensibel auf die Signale des eigenen Körpers achten. Dies alles geschieht auf der Basis einer wertschätzenden Achtung seiner Person, nicht im Sinne von Egozentrismus oder Selbstverliebtheit, sondern in einer wohlwollenden Akzeptanz des Selbst mit der Gesamtheit der gemachten Erfahrungen der Vergangenheit, in der aktuellen Verfasstheit und mit den Plänen und Potenzialen für die Zukunft.

Die individuelle Berücksichtigung in der Selbstführung bedeutet, sich selbst neugierig und offen kennenzulernen und sich zu akzeptieren.

Abb. 8: Den eigenen Potenzialen zur Entfaltung verhelfen

Wir haben beobachtet, dass Führungskräfte in Wirtschaftsunternehmen gerne Sport- und Kampfmetaphern verwenden. In einem Buch über Hochleistungsteams haben wir mehrere Fallstudien zusammengestellt (W. Jenewein & M. Heidbrink, 2008). Unserer Erfahrung nach werden bei den Fallstudien über Spitzenteams im Sport, über Extrembergsteiger oder Triathleten gerade die Teile intensiv diskutiert, herausgegriffen und als vorbildlich dargestellt, die mit Selbstdisziplinierung und dem Überwinden des inneren Schweinhunds zu tun haben. Es wird damit versucht, die eigene Mannschaft zur Extrameile zu bewegen und über das normale Maß hinaus anzutreiben.

Tatsächlich wissen wir aber aus dem Spitzensport, dass Übertraining nie zur Höchstleistung führt. Ganz im Gegenteil wird in einem guten Trainingsplan die Erholung bereits mitgedacht. Die Erholung wird als gleichwertiger Trainingsbaustein betrachtet. Belastung und Erholung im Tandem versprechen Höchstleistung, nicht die dauerhafte Belastung. In der Wirtschaftswelt wird nur aufs Gas gedrückt und der Teil aus der Sportmetapher übernommen, der mit Gas geben, durchhalten, hart sein und sich selbst quälen zu tun hat. Jedoch: In der Pause wird der Sprinter schnell.

Aus diesen Überlegungen heraus erwächst für einen leistungsorientierten Menschen die Verantwortung, achtsam mit sich umzugehen und einen gesunden Wechsel aus Anspannung und Entspannung zu entwickeln. Erholung ist in diesem Verständnis kein netter Zeitvertreib für die weniger arbeitsreiche Zeit des Jahres, sondern ein Muss für den Erhalt der eigenen Leistungsfähigkeit und eine Voraussetzung für Höchstleistung.

Ein wiederkehrender Wechsel aus Anspannung und Entspannung, aus Ankommen und Weitergehen, ist eine Voraussetzung für dauerhafte Höchstleistung.

Auch in der Welt der transaktionalen Führung hat die persönliche Entwicklung einen Platz. Es geht dabei um Optimierung, Anpassung und Training der Fertigkeiten zum Zweck der Nützlichkeit. Wir trainieren uns, um besser zu funktionieren. In der Haltung der Transformation hingegen hat die persönliche Entwicklung einen Wert an sich. Nicht nur in der Haltung zur persönlichen Entwicklung, auch in der Vorgehensweise unterscheiden sich der transaktionale und der transformationale Ansatz.

Im **transaktionalen Verständnis** erfolgt persönliche Entwicklung derart:

- Analysiere Deine Persönlichkeit und definiere Deine Stärken und Schwächen.
- Du musst ein Ziel haben.
- Du musst einen Weg definieren.
- Du musst Dich trainieren.
- Minimiere Deine Schwächen.
- Kontrolliere Dich und überprüfe Deinen Trainingserfolg.
- Setze das Training fort, bis Deine Defizite behoben sind.

Das diagnostische Kennenlernen des Selbst erfolgt vor dem Hintergrund eines Sollschemas. Daraus erwächst zwangsläufig eine Defizitorientierung. Die erkannten

Abweichungen vom Soll gilt es in der Folge aufzuarbeiten. Gelingt dies nicht in befriedigendem Maße, stellt sich Frust ein und das Selbstvertrauen geht auf Talfahrt. Da die Selbstoptimierung im transaktionalen Verständnis auf der Basis von eher unreflektierten Annahmen, Erwartungen von Außenstehenden oder übernommenen Wertvorstellungen erfolgt, besteht die Gefahr des Ausbrennens. Die eingesetzten Ressourcen werden verbraucht und nicht durch das Erfüllende an der Aktivität selbst gespeist und gestärkt.

Im **transformationalen Verständnis** erfolgt persönliche Entwicklung derart:
- Lerne Dich selbst kennen.
- Lerne, Dich zu akzeptieren.
- Absolviere einen bewussten Prozess zur Entdeckung der Dir wichtigen Lebensbereiche oder Lebensaufgaben.
- Nutze Deine Ressourcen und lenke die ersten Schritte in die gewünschte Richtung.
- Sammle Erfahrungen in der neuen Richtung.
- Bleib aktiv und halte die Richtung.

Das Kennenlernen des Selbst erfolgt in der transformationalen Haltung zum Zweck des Erkennens von Ressourcen. Defizite und Limitationen werden nicht ignoriert, stehen aber auch nicht im Fokus der Betrachtung und werden akzeptiert. Ein bewusster Abschied von einer bisherigen, womöglich unerreichbaren Vorstellung davon, wie man gesehen werden möchte, kann auch eine persönliche Entwicklung darstellen. Die persönliche Entwicklung erfolgt nicht gegen ein Sollschema, sondern explorativ. Nicht das Ankommen bestimmt den Erfolg, sondern die Qualität des Entwicklungswegs.

Ein bedeutsamer Aspekt der transformationalen Haltung zur individuellen Entwicklung ist weiterhin darin zu finden, dass schrittweise und nicht auf der Basis eines übergreifenden Masterplans gedacht und agiert wird. In der Forschung zum Unternehmertum, dem Entrepreneurship, findet sich eine aktuelle Entsprechung dieses Prinzips der kleinen Schritte. Ging man bislang davon aus, dass neue und großartige Unternehmen aus einer sorgfältigen Planung heraus entstehen, dass es eines detaillierten Businessplans bedarf mit Kosten-, Einnahmen-, Cashflow- und Investitionskalkulationen, so gewinnen mittlerweile alternative Ansätze der kleinen Schritte immer mehr Anhänger. In der bisherigen Entrepreneurship-Forschung setzte man einseitig auf die Idee der einen, großartigen Geschäftsidee, der man dann alles untergeordnet, einen Geschäftsplan aufgestellt, Gelder und Personal beschafft und sich an die Arbeit gemacht hat. Die Praxis zeigt jedoch: Nicht ein einziger Businessplan ist jemals so umgesetzt worden, wie er ursprünglich auf dem Papier stand. Ganz im Gegenteil scheitern viele dieser sorgfältig geplanten Vorhaben. Die Umwelt ist eben nicht stabil und planbar, sondern volatil, unsicher, komplex und mehrdeutig.

Das Gegenprinzip zur Businessplanung ist die sogenannte *Effectuation*, ein Unternehmerprinzip der kleinen Schritte. Die US-Forscherin Saras Sarasvathy hat dies mit ihrer Forschungsarbeit zu Vielfach-Gründern eindrücklich als überlegenes Vorgehen beschrieben (S. Sarasvathy, 2001). Demnach entsteht Neues und Großartiges dadurch, dass man aufbauend auf seinen Stärken und vorhandenen Ressourcen, Bekanntschaften und Ideen einen Schritt in eine sinnvoll erscheinende Richtung unternimmt, ohne heute schon genau benennen zu können, ob diese Entwicklung stark genug sein wird für etwas Großes beziehungsweise wo sie exakt hinführen wird. Hat man dann erst einmal den ersten Schritt absolviert, entsteht ein neuer Status quo, auf dessen Basis eine erneute Sichtung der Ressourcen erfolgen und über den dann nachfolgenden Schritt entschieden werden kann. Stück für Stück werden Effekte erzielt, die in der Abfolge eine zielstrebige Bewegung ergeben können, aber nicht müssen.

Personen und Ideen wachsen Schritt für Schritt; sie brauchen keinen Businessplan.

Ein illustratives Beispiel für das Unternehmerprinzip der Effectuation ist die Entstehung des ersten Eishotels der Welt. Der Gründer Ingve Bergqvist reiste gerne, war outdoor-begeistert und erfahrener Himalaya-Bergsteiger. Er war fasziniert von Eisskulpturen, insbesondere von denen einiger befreundeter Japaner, die er auf einer seiner Expeditionen kennengelernt hatte. Auf seine Initiative hin organisierte die Stadt Jukkasjärvi in Finnland einen zweiwöchigen Workshop zur Gestaltung von Eisskulpturen. Aus Mangel an Übernachtungskapazitäten nahmen es zur Überraschung der Veranstalter einige Gäste gerne auf sich, in dem aus Eis und Schnee erstellen Ausstellungspavillon zu übernachten. Die Idee für ein Eishotel war geboren und wurde in den Folgejahren umgesetzt und immer weiterentwickelt. Seit rund 25 Jahren existieren nun ein etabliertes Eishotel mit 60 Zimmern, dazu ein Ausstellungsgelände aus Eis, Messepavillons, exklusive Suiten und eine Eis-Kirche.

Das Konzept des Eishotels wurde weltweit kopiert und machte Ingve Bergqvist, beinahe zufällig, zum Vorzeigeunternehmer. Er war seiner Passion gefolgt und aktiv geblieben. Auf der Basis der ersten Begegnungen war ein neuer Status quo entstanden mit neuen Ressourcen, Ideen und Netzwerkpartnern. Schritt für Schritt war etwas Neues und Großes entstanden. Das ist das Prinzip der Effectuation.

Vermutlich beschreibt das Prinzip der Effectuation besser als das herkömmliche Businessplan-Vorgehen, was in der Praxis passiert und wie neue und große Unternehmen entstehen. Erfolgsgeschichten werden ohnehin erst ex post erzählt; im Nachhinein ergeben die einzelnen Schritte plötzlich Sinn, das Eine baute scheinbar logisch auf das Andere auf und führte scheinbar zwangsläufig zum Darauffolgenden. Auch Erfolgsgeschichten von herausragenden Persönlichkeiten, erfolgreichen Teams oder etablierten Staaten werden im Nachhinein erzählt.

Übertragen auf die Selbstführung im transformationalen Sinn kann das Prinzip der Effectuation bereichernd sein. Es gilt demnach, in nächsten Schritten zu denken und nicht in großen Masterplänen. Folge eher deiner Mission, als an der Nicht-Erreichbarkeit der Vision zu verzweifeln.

Es gibt zwei wichtige Nebenbedingungen für die Wirksamkeit der Effectuation, die sich auch in dem obigen Beispiel des Eishotel-Gründers Ingve Bergqvist wiederfinden: Bergqvist war und blieb aktiv und er lenkte seine Energie und Zeit in Lebensbereiche, die ihm Freude bereiteten und für die er Leidenschaft empfand. Das Versprechen der transformationalen Selbstführung lautet in diesem Zusammenhang: Wenn wir unsere Schritte in eine für uns bedeutsame Richtung lenken, wird ein neuer Status quo entstehen, wird sich der Horizont anders darstellen. Auf der Basis der neuen Erfahrungen und zusammen mit den dann möglicherweise neuen Bekanntschaften und Kenntnissen öffnet sich ein neuer Raum an Möglichkeiten und neue Optionen drängen sich womöglich für den dann nachfolgenden Schritt auf. Kurz gesagt: Wir müssen ergründen, was uns anzieht, und uns dann dem Sinnvollen zuwenden mit Aufmerksamkeit und einem aktiven Zeit- und Energieinvestment.

In einer amerikanischen Studie mit älteren Menschen ab 95 Jahren versuchte man zu ergründen, was bedeutsam ist im Leben. Die Teilnehmer der Studie wurden jeweils im Zuge eines persönlichen Gesprächs gefragt, was sie rückblickend in ihrem Leben anders machen würden, für den Fall, dass sie noch einmal von vorne starten könnten. Die Ergebnisse wurden kategorisiert und ausgezählt. Eine der häufigsten Antworten war: »Ich würde mehr riskieren.« Ebenfalls häufig kamen Antworten der Kategorie »Ich würde mehr hinterfragen und reflektieren« und »Ich würde mehr hinterlassen«.

Ältere Menschen hadern bisweilen und wünschen sich, mehr im Leben riskiert zu haben.

Die transformationale Haltung in der Selbstführung bietet die Chance, mehr zu riskieren. Warum riskieren wir normalerweise nicht mehr? Weil wir befürchten, das Erreichte aufs Spiel zu setzen. Die Verteidigung des Status quo entspricht einer transaktionalen Haltung, die Begrüßung der Zukunft als Raum der Möglichkeiten einer transformationalen Haltung. In der transformationalen Haltung gelten Herausforderungen als Chance zur persönlichen Weiterentwicklung, nicht als Fehlerquelle. Entscheidungen werden nur zu Fehlern vor dem Hintergrund eines normierten Solls. Mit einer explorativen, transformationalen Haltung können Erfahrungen, auch schwierige, nur einen Gewinn bedeuten. Wir können also mehr Risiko eingehen und müssen hoffentlich nicht eines späten Tages unseres Lebens bereuen, nicht genug riskiert zu haben.

Die individuelle Berücksichtigung in der Selbstführung legt einen achtsamen Umgang mit sich selbst nahe. Wir müssen uns selbst ein guter Freund sein. Wie wird man ein guter Freund? Wie entwickelt man eine gute Beziehung zu sich oder anderen?

Ein guter Indikator für die Güte einer Beziehung sind die Bilder, die wir voneinander im Kopf haben. Von einem guten Freund weiß man beispielsweise, dass dieser zwar nicht unkritisch ist, aber im Großen und Ganzen eine hohe Meinung von uns hat. Umgekehrt ahnt, spürt, weiß ein guter Freund von uns, dass wir ein positives Bild von ihm im Kopf haben. Die gegenseitigen positiven Bilder voneinander kennzeichnen eine gute Beziehung.

Wir müssen uns selbst ein guter Freund sein. Ein guter Freund hat von uns ein positives Image im Kopf und umgekehrt.

Hat eine Beziehung Schaden genommen, verdunkelt sich das Bild vom anderen. Will man die Beziehung wieder bessern, muss man an dem Bild arbeiten, das man vom anderen hat, beispielsweise indem man nach Positivem sucht oder sich an angenehme Erlebnisse erinnert.

Maßgeblich dafür, mit sich selbst in guter Beziehung zu leben, ist also das Bild, das man sich von sich selbst macht. Möchte man das Bild verbessern, muss man nach Stärken, positiven Erfahrungen oder Potenzialen suchen, nicht nach Schwächen und Limitationen.

Carl Rogers ist der Begründer der klientenzentrierten Gesprächspsychotherapie. Er hat sich im Verlauf seines mehr als fünf Jahrzehnte währenden beruflichen Schaffens immer wieder mit der Frage befasst, was eine gute Beziehung bedingt und wie man eine vertrauensvolle Beziehungsbrücke zu einem Gegenüber aufbauen kann (z.B. C. Rogers, 2004). Wesentlich für das Schaffen einer Vertrauensbrücke sind nach Rogers das Vorliegen von drei Ingredienzen: *Empathie, Echtheit und unbedingte Anerkennung*. Darunter versteht Rogers im Einzelnen:

- **Empathie:** Empathie wird als die Fähigkeit definiert, sich derart in eine Person hineinversetzen zu können, dass man deren Gefühle, Gedanken und Weltsichten möglichst stimmig nachvollziehen kann. Um empathisch sein zu können, muss man selbst aufnahmefähig, im übertragenen Sinne also leer sein. Das Gegenüber spürt echtes Interesse aufgrund des Nachfragens, Reverbalisierens, Beobachtens und sich Zeitnehmens.
- **Echtheit:** Bei der Echtheit geht es darum, sich als Mensch zu zeigen, seine Wünsche und Bedürfnisse, Interessen und Vorlieben darzulegen, Werte und Positionen zum Ausdruck zu bringen, kurzum: sich so zu zeigen, wie man ist; Sein und nicht Schein.
- **Unbedingte Anerkennung:** Dieser Aspekt wird im Deutschen auch als Wertschätzung bezeichnet. Als Humanist nimmt Rogers an, dass jeder Mensch, unabhängig von seinem Verhalten, einen Kern hat, der unbedingte Anerkennung verdient. Die grundlegende Wertschätzung spürt das Gegenüber. Die Anerkennung nach Rogers ist kein Loben für erfreuliches Verhalten oder Leistung, sie ist vielmehr unbedingt, was bedeutet, dass jeder Mensch die Anerkennung verdient und sie erhält.

Wenn es diese drei Faktoren sein sollen, die unabdingbar vorliegen müssen, damit es zu einer vertrauensvollen Beziehungsbrücke zwischen Menschen kommen kann, dann sollten diese Faktoren auch Orientierung bieten für die Selbstführung. Angewandt auf uns würde das Modell von Carl Rogers in etwa bedeuten:

- **Empathie:** Sei achtsam und neugierig. Ergründe deine Werte, Motive, Antreiber, Haltungen, Glaubenssätze, Bedürfnisse und Erwartungen. Suche nach Ressourcen und Potenzialen. Hinterfrage dich. Beobachte dein Verhalten. Stelle dir die richtigen Fragen und pflege einen Selbstdialog. Höre auf deine emotionalen Reaktionen. Beachte die Signale deines Körpers.
- **Echtheit:** Werde zu dem, der du bist. Äußere deine Ansichten. Stehe zu deinen Überzeugungen. Lebe deine Werte. Folge deiner Berufung und lenke deine Schritte in die für dich bedeutsamen Lebensbereiche. Nimm deine Bedürfnisse ernst und tritt dafür ein. Mach dir selbst nichts vor.
- **Unbedingte Anerkennung:** Akzeptiere deine Unzulänglichkeiten. Erkenne deinen wertschätzungswürdigen Kern. Du musst nicht leisten, um dich lieben zu dürfen. Du bist vollkommen, so wie du bist, oder anders ausgedrückt: Du wirst immer unvollkommen bleiben und bist davon unabhängig wertvoll. Du hast Ressourcen. Du bist Lernender und kannst jederzeit wachsen.

Das i der individuellen Berücksichtigung beinhaltet wichtige Leitgedanken für die transformationale Selbstführung. Sie umfasst die Empfehlung, empathisch, echt und wertschätzend mit sich umzugehen und sich selbst neugierig zu begegnen, seine Ressourcen und Potenziale zu identifizieren und ihnen zur Entfaltung zu verhelfen. Auf der Basis reflektierter Wertvorstellungen wird die eigene Energie in sinnstiftende Aktivitäten gelenkt. Ein wiederkehrender Wechsel aus Anspannung und Entspannung ermöglicht einen schonenden Umgang mit den eigenen Ressourcen und erhält die Leistungsfähigkeit. Mit dem Prinzip der kleinen Schritte werden erfreuliche Entwicklungen ausgelöst, ohne an der Nicht-Erreichbarkeit einer übergroßen Vision zu leiden. Man akzeptiert seine Unzulänglichkeiten und begreift sich als werdendes Wesen.

3.2.3 Ideelle Klarheit

Das dritte i des Modells der transformationalen Führung befasst sich mit der Einflusskraft der Führungskraft als Vorbild für andere. Damit ist nicht gemeint, dass eine Führungskraft von den Mitarbeitern 1:1 kopiert werden soll, sondern dass Mitarbeiter einen entschlossenen, tatkräftigen und charakterstarken Menschen handeln sehen, dem man gerne folgt. Wichtiger noch als charismatische Ansprachen halten zu können, sind in diesem Zusammenhang die moralische Integrität des Vorgesetzten und dessen glaubwürdiges Verhalten. Das Handeln sollte im Einklang mit den Worten stehen. In der transformationalen Führung kommt der Beziehung zwischen der

Führungskraft und dem Mitarbeiter eine erfolgskritische Bedeutung zu, daher müssen transformationale Führungskräfte vertrauenswürdig sein.

Unter ideeller Klarheit einer Führungskraft wird häufig fälschlicherweise verstanden, dass die Führungskraft ein außergewöhnliches Charisma haben soll. Dies trifft jedoch nicht den Kern. *Charisma* ist eine von den Göttern geschenkte Gabe, mithin ein besonderes Talent. Ein charismatischer Mensch hat eine von den Göttern geschenkte Gabe, andere in den Bann zu ziehen, sie zu begeistern oder auch zu verführen. Im Zuge der transformationalen Führung geht es jedoch mehr um Glaubwürdigkeit, um Integrität und um kongruentes Handeln. Man könnte sogar abgrenzen: Es geht um *Charakter*, nicht um Charisma. Charakterstärke zeigt sich an den Weggabelungen des Lebens, wenn die eigenen Werte den Weg weisen sollten, auch wenn andere Wege kurzfristig betrachtet verlockender wären. Charakterstärke zeigt sich erst dann richtig, wenn man sich unbeobachtet wähnt.

In der transformationalen Selbstführung geht es um Integrität und ein Handeln im Einklang mit den eigenen Überzeugungen.

Die Übertragung der ideellen Klarheit, dieses zentralen Aspektes der transformationalen Führung, auf die Selbstführung liegt naturgemäß nahe, weil sich dieses i des Modells ohnehin schon mit der Person der Führungskraft selbst befasst. Wenn wir den Kern der ideellen Klarheit herausschälen, geht es um *Integrität* und Vorbild und um den Glauben an die Wirksamkeit einer Person. Aber der Reihe nach:

Ein integer handelnder Mensch agiert nach seinen Überzeugungen und verhält sich so, wie er es verspricht und auch von anderen erwarten würde. In der Selbstführung stellt sich die Frage, ob wir uns selbst trauen können. Die Frage ist maßgeblich für unser *Selbstvertrauen*. Halten wir uns an das, was wir uns selbst versprechen? Machen wir das, was wir uns vornehmen?

Nehmen wir uns beispielsweise vor, weniger Alkohol zu trinken, und wir handeln entsprechend, dann steigt unser Selbstvertrauen. Wir beobachten an uns selbst, dass wir offenbar trotz einer möglicherweise gegenläufigen Umwelt in der Lage sind, unser Leben wirksam zu beeinflussen. Psychologen wie Albert Bandura (A. Bandura, 1977) bezeichnen diese Fähigkeit als *Selbstwirksamkeitsüberzeugung* (self-efficacy); wir sind davon überzeugt, durch unser autonomes Handeln einen effektiven Einfluss auf das ausüben zu können, was uns widerfährt. Die gegenteilige Überzeugung könnte man Fatalismus nennen.

Selbstwirksamkeitsüberzeugung ist eine herrliche Eigenschaft, von der es sich lohnt, viel zu haben. Das Schöne: Es handelt sich dabei um eine Form des Selbstvertrauens, die nicht gegen andere gerichtet ist oder sich nicht, wie beispielsweise die Arroganz, aus einem sozialen Vergleich bei gleichzeitiger Erniedrigung anderer speist. Es ist eine Form des Selbstvertrauens, die ausstrahlt, weil sie von innen kommt, autonom ist vom Feedback durch Dritte und sich nicht korrumpieren lässt durch externe Reize.

Selbstwirksamkeitsüberzeugung lässt sich trainieren wie ein Muskel. Schritt für Schritt, aufbauend auf Erlebnissen aus Situationen, in denen man die eigene Wirksamkeit gespürt hat. Die erlebte eigene Wirksamkeit kann sogar in Wettkampfsituationen wachsen, aus denen man als Verlierer hervorgegangen ist. Dafür muss man den eigenen Beitrag wertschätzen und lernen, die eigene Leistung anzuerkennen, unabhängig vom Feedback der Außenstehenden; allerdings auch, ohne sich selbst etwas vorzumachen.

Wer eine erfolgsorientierte Haltung einnimmt, hat es leichter, Selbstwirksamkeit zu entwickeln. Misserfolgsorientierte nehmen sich typischerweise zu schwierige Aufgaben vor, an denen sie scheitern, nur um sich selbst einmal mehr beweisen zu können, dass man eben doch nicht gut ist. *Erfolgsorientierte* sind nicht per se besser, wählen sich aber ihren Bezugsrahmen cleverer. Sie suchen sich Aufgaben, die anspruchsvoll sind, aber nicht unerreichbar. Haben sie dann die erste Klippe erklommen, genießen sie den Erfolg und machen sich beschwingt an die nächste Klippe. Schritt für Schritt wächst die persönliche Überzeugung, wichtige Ressourcen an Bord zu haben und wirksam sein zu können.

Erfolgsorientierte wählen sich die Aufgaben so, dass ihre Selbstwirksamkeitsüberzeugung steigt.

Ein weiterer geschickter Schachzug von Erfolgsorientierten ist es, sich die Lebensbereiche und Rollen auszusuchen, in denen sie ihre Stärken sehen und von denen sie annehmen, dass sie dort einen wertvollen Beitrag leisten und wirksam werden können. Wenn wir wählen, zu etwas Ja sagen, sagen wir zeitgleich zu allen anderen Optionen Nein. Dieser zweite Teil wird von uns häufig außer Acht gelassen. Manche versuchen sprichwörtlich auf allen Hochzeiten zu tanzen.

Wir empfehlen dringend, sich bewusst einige wenige Lebensbereiche oder Rollen herauszusuchen, in welche man Zeit und Energie investieren möchte, und diese dann über einen längeren Zeitraum hinweg zu entwickeln. Und zeitgleich auch festzulegen, wer man nicht sein möchte und in welchem Bereich man sich trotz möglicherweise vorhandener Chancen ganz bewusst und dann auch konsequent nicht engagiert.

Ein für uns hilfreiches Orientierungsmodell ist in diesem Zusammenhang die Idee der *Selbstkomplexität* der englischen Identitätsforscherin Patricia Linville (P. Linville, 1987). Sie vermutet, dass Menschen widerstandsfähiger und resistenter gegen negative Erlebnisse sind, wenn sie mehrere unabhängige Lebensbereiche, sogenannte

Selbstaspekte haben, aus denen sie ihren Selbstwert schöpfen. Ein Selbstkonzept kann beispielsweise sein, die Rolle als Topmanagerin auszufüllen und anzunehmen, eine überdurchschnittlich gute Topmanagerin zu sein. Zeitgleich kann eine Person aber auch weitere Rollen als identitätsstiftend betrachten, beispielsweise die Rollen als vertrauenswürdige Freundin, als fürsorgliche Mutter, als sich sorgende Tochter und als talentierte Tennisspielerin.

Nach Patricia Linville wird eine Identität, die sich aus mehreren Rollen und Lebensbereichen speist, autonomer und stabiler gegenüber der Umwelt sein. Negativerlebnisse und Entwertungen in einem der Lebensbereiche lösen dann nicht unmittelbare Lebenskrisen aus. Die folgende Abbildung soll diesen Gedanken illustrieren.

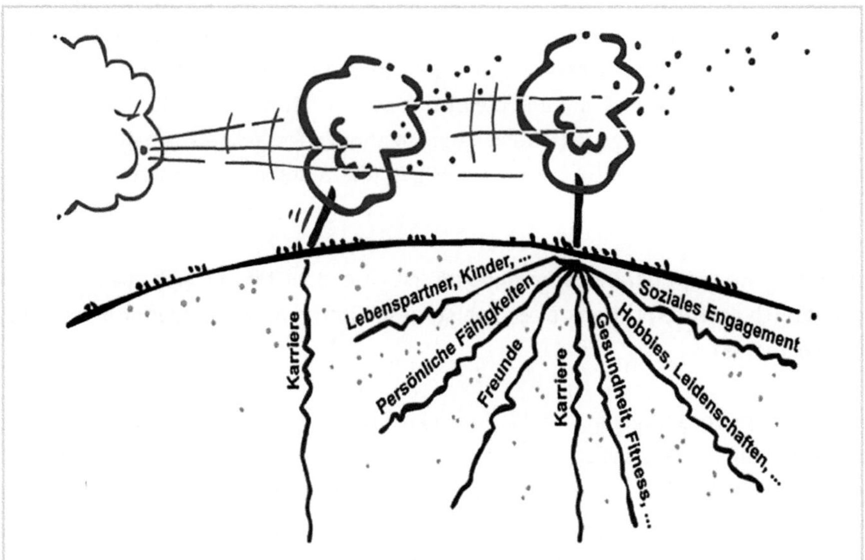

Abb. 9: Selbstkomplexität

In einer von uns durchgeführten Studie mit Topmanagern aus Deutschland, Österreich und der Schweiz, die ungewollt in eine berufliche Umbruchsituation geraten waren, zeigte sich, dass viele unserer Studienteilnehmer über Jahrzehnte hinweg einseitig eine Rolle des Lebens, nämlich die berufliche Rolle des Topmanagers, betont und für ihre Karrieren einen hohen sozialen Preis in den übrigen Lebensbereichen gezahlt hatten (S. Debnar-Daumler et al., 2016). Die Entlassung, ein zwangsweises Ausscheiden aus dem Unternehmen, dem man über Jahre hinweg intensiv verbunden war, löste dann bei vielen einen Suchprozess aus, der gerade bei den älteren Managern zu einer Neuorientierung führte.

Die meisten unserer Studienteilnehmer sind in einen Managementjob zurückgekehrt, doch die wenigsten setzen wieder alles auf eine Karte. Stattdessen werden andere

Lebensrollen, beispielsweise diejenige des Mentors, des Vaters beziehungsweise der Mutter oder des helfenden Nachbarn, aktiver gelebt. Wir haben an dieser Studie erlebt, welches Potenzial in einer Kündigung steckt, sofern man bereit ist, sich auf die Suche nach den für einen selbst bedeutsamen Lebensbereichen zu machen und diesen entsprechend mehr Raum im Leben zu geben.

Ein schneller **Selbsttest**: Was sind meine Rollen des Lebens, die maßgeblich sind für meine Identität? Gebe ich diesen ausreichend Raum? Zu welchen Lebensbereichen sollte ich Nein sagen?

Das Modell der Selbstkomplexität nach Linville legt nahe, sich mehrere, aber auch nicht zu viele Rollen und Lebensbereiche auszuwählen und in diesen Rollen Aktivitäten zu unternehmen, die positive Erlebnisse mitbringen und die Selbstwirksamkeit steigern. Auf diese Weise schält sich die eigene Identität zunehmend heraus, man entwickelt ein erkennbares Profil und bleibt sich dennoch treu. Die Basis für das eigene Handeln wird aus den eigenen Überzeugungen und Werten gespeist, unabhängig vom Kontext des jeweiligen Lebensbereichs. Es gilt, Charakter in den diversen Rollen des Lebens zu zeigen.

Nach dem Konzept der Selbstkomplexität ist eine Identität, die sich aus mehreren erfolgreich gelebten Lebensrollen speist, geschützter vor Negativerlebnissen und Entwertungen.

Eine wichtige Voraussetzung für das Entwickeln von Selbstwirksamkeitsüberzeugung ist die Annahme, dass das eigene Handeln einen Einfluss hat auf die Umwelt. Nur wer sich in diesem Sinne als Autor seines Lebens versteht, wird den Glauben an die eigene Wirksamkeit entwickeln können. Versteht man sich hingegen als Opfer der Umwelt- und Schicksalseinflüsse, wird man sich zunehmend ohnmächtig fühlen und den Glauben an die eigene Wirksamkeit einbüßen.

Eine Opferhaltung ist weitverbreitet, auch weil sie Verantwortung von den Schultern des Einzelnen nimmt. Opfer verraten sich bereits in der Sprache, weil sie passive Satzkonstruktionen verwenden und erläutern, warum sie keinen Einfluss hatten und sie keine Schuld trifft. In vielen kleinen Formulierungen kommt die Opfersprache zum Ausdruck. Einige Beispiele: Die Aussage »Ich habe keine Zeit am Wochenende« ist einfach falsch, wenn man nicht gerade plant, am Freitag vor dem Wochenende zu versterben. Die Aussage »Bei diesem Wetter kann man ja nur depressiv werden« beinhaltet die Annahme, dass man keine Wahlmöglichkeit hat, auf das schlechte Wetter zu reagieren. Die Aussage »Zu spät? – Kein Wunder bei diesem Verkehr!« nimmt uns erleichternderweise die Verantwortung für die eigene Verspätung ab.

Ein kleiner **Selbsttest**: Was sind meine typischen Sätze, mit denen ich mich zum Opfer mache?

Die Annahme der Autorenschaft ermöglicht eine eigenverantwortliche und autonome Gestaltung des eigenen Lebens. Interessanterweise wächst der wahrgenommene Raum der Gestaltungsmöglichkeiten, je mehr man sich als Autor begreift und handelt. Stilisiert man sich als Opfer, gehen Optionen verloren und man sieht mehr die Begrenzungen und Zwänge der Umwelt.

Autoren verstehen sich als aktiv Gestaltende. Sie übernehmen Verantwortung für sich und das Gelingen ihres Lebens.

Selbstvertrauen kann auch verlorengehen. Handeln wir nicht nach unseren Überzeugungen, können wir der Umwelt lange etwas vormachen. Uns selbst dauerhaft zu täuschen, ist hingegen eine fast unmögliche Aufgabe. Je mehr uns bewusst wird, dass wir nicht im Einklang mit unseren Überzeugungen handeln, entsteht ein Gefühl der inneren Dissonanz. Die aktive Bekämpfung oder die passive Verdrängung der inneren Dissonanz kostet Kraft. Aus diesem Grund strengt uns in dissonanten Phasen unser eigenes Leben mehr an. Und noch schlimmer: Selbstvertrauen geht verloren, weil wir uns selbst nicht mehr trauen können. Wir handeln auf die eine Weise, reden und fühlen aber auf die andere. Wir nehmen uns etwas vor, machen es aber dann doch nicht. Die meisten Menschen wollen beispielsweise gesund sein, aber nur wenige leben gesund. Bis zu einem gewissen Grad können wir diese Dissonanz überspielen oder selbstironisch weglachen, doch mit der Zeit höhlt sich unser Leben aus, die Lebensenergie geht verloren und das Selbstvertrauen wandert in den Keller.

Eine dauerhafte Inkongruenz zwischen inneren Überzeugungen und äußerem Handeln kostet Energie und Lebensfreude.

Solange wir im Einklang mit unseren Überzeugungen handeln, empfinden wir dies als stimmig. Leistung strengt uns in diesen Phasen nicht an, es stellt sich Leistungsfreude ein, es kann zum Leistungsfluss kommen. Handeln wir entgegen unserer eigenen Überzeugungen, kann das eine Weile lang gut gehen, das Leben wird uns aber ungemein anstrengen und auf die Dauer auszehren. Wir leisten weiter, weil wir annehmen, dass dies dazu gehört und wir andernfalls vor unseren eigenen Standards nicht bestehen können. Das Leisten wird zum Zwang oder sogar zur Sucht. Wir sollten besser mehr von dem machen, der wir sind, und im Einklang mit unseren Überzeugungen leben.

Dazu noch ein weiteres Beispiel aus dem Sport: Marian ist ein großer Philosoph. Er konnte Sport noch nie leiden, Sportler eigentlich auch nicht. Allerdings erkennt er die Bedeutung des Sports aus medizinischen Gründen an und übernimmt für sich den allgegenwärtigen gesellschaftlichen Imperativ, Sport zu betreiben. Also sucht er das nächste Fitnessstudio auf, lässt seinen Körper vermessen und die Beweglichkeit prüfen und erhält einen durchdachten Fitnessplan ausgehändigt. Zu Marians Leidwesen stellt er nach einigen Wochen fest, dass er den Plan aufgrund äußerer Einflüsse nicht im erwarteten Maße abarbeiten konnte. Die Umwelt ist volatil, der Plan bleibt starr – da passt etwas nicht zusammen. Marian hinkt dem Plan hinterher, Frust stellt sich ein, alsbald gibt er auf.

Ein transformationaler Zugang zum gleichen Thema könnte so aussehen: Marian ist schlecht drauf. Er ist ein gefragter Philosoph, aber die rechte Lebenslust mag sich nicht einstellen. Er grübelt und kommt zu der Überzeugung, dass neben einem feinen Geist auch ein gesunder Körper zur Lebensfreude beitragen könnte. Er fängt an, seine Vermutung zu überprüfen und geht ausnahmsweise zu Fuß zum Einkaufen. Dann holt er sein Fahrrad aus dem Keller und fährt zur Uni. Er fühlt sich frisch und macht mehr davon. Eines Tages fragt er sich ernsthaft: Wann am Tag kann ich mich mehr bewegen? Wie kann ich nutzen, was schon da ist? Marian probiert aus. Er erlaubt sich Rückfälle, aber er leidet nicht unter den Rückfällen. Er gibt seine Ideale von Bewegung, Gesundheit und Freude am Körper nicht auf. Er probiert aus, er bricht ab. Er startet im Fitnessstudio, steigt wieder aus. Marian denkt: »Ich bleibe am Wert Bewegung dran. Ich gebe vielleicht einen Plan auf, aber nicht den Wert … und werde langsam fitter.« Plötzlich muss er an seine alte Fußballmannschaft denken. Was wäre, wenn er sich dort mal wieder melden würde? Verrückte Idee.

Marian gibt in diesem Beispiel mehrere Pläne auf, aber er bleibt am Wert Bewegung dran. In der transformationalen Haltung gilt die Loyalität nicht einem spezifischen Ziel oder Plan, sondern dem dahinterliegenden Wert. Der Leitsatz lautet: Folge Werten, nicht Zielen. Wenn wir im Einklang mit unseren Überzeugungen handeln, strengt es uns nicht an, wir entwickeln mehr Selbstvertrauen und wir geben ein gutes Vorbild für uns selbst ab.

Es gilt in der transformationalen Selbstführung, an den Werten festzuhalten, nicht unbedingt an den Plänen.

Abb. 10: Werten folgen statt Zielen

3.2.4 Intellektuelle Herausforderung

Der Aspekt der intellektuellen Herausforderung hat in der transformationalen Führung eine zentrale Bedeutung, weil die transformationale Führung die Führung des Wandels ist. Es gilt für einen transformationalen Führer, ein Klima des Aufbruchs und der Veränderung zu kreieren, in dem neue Ideen willkommen geheißen und Alternativen unmittelbar erprobt werden. Die Führungskraft bringt Impulse ein, fördert aber auch generell eine Haltung des Querdenkens und des Herausforderns des Bekannten. Der Wandel ist Teil der DNA eines transformational geführten Teams.

Für die Selbstführung bedeutet der Aspekt der intellektuellen Herausforderung, die Komfortzone seines Denkens zu verlassen. Wir neigen als Menschen dazu, nach Bestätigungen unserer Ansichten zu streben und bereits unsere Wahrnehmung, bewusst und unbewusst, anhand des Bekannten zu filtern. Es gilt in der transformationalen Selbstführung, über die Mauern des Status quo hinauszuschauen und sich vorsätzlich mit Meinungen und Perspektiven auseinanderzusetzen, welche nicht dem Bekannten, Gewohnten und damit Gemütlichen entsprechen. Mit anderen Worten:

Wage den krassen Gedanken, dass du nicht recht haben könntest und die Welt vielleicht doch ganz anders ist.

Abb. 11: Die Komfortzone des Denkens verlassen

Archetypisch entspricht die Haltung der transformationalen Selbstführung eher der eines *Forschers* als der eines Kriegers. Maßgeblich für einen Forscher ist die Aufrechterhaltung einer lebenslangen Neugier und des Wunsches nach Entwicklung, Erkenntnis und Begreifen. Mit jeder neuen Einsicht erkennt der Forscher demütig an, was man alles noch nicht verstanden hat. Im Fokus steht also bewusst nicht die Schlacht, die der Krieger beziehungsweise die Amazone auszutragen und zu gewinnen hat, sondern das Erkennen und Werden an sich. Ein Forscher dekonstruiert, zerstört scheinbar bewährtes Wissen und konstruiert Neues durch Hinterfragen, Falsifizieren und Widerlegen. Ein echter Forscher ist niemals fertig mit etwas, sondern akzeptiert den aktuellen Wissensstand als momentanen Stand des Irrtums. Die Metapher des Forschers hat einen hübschen Nebeneffekt gegenüber der Metapher des Kriegers: Ein Forscher kann niemals verlieren, er wird sein Leben lang immer nur besser.

Die eigene Weltsicht wird bei der transformationalen Selbstführung ständig herausgefordert. Es gilt, wie ein guter Forscher die Komfortzone seines eigenen Denkens zu verlassen.

Wir streben nach emotionaler Sicherheit und verlässlichen, belastbaren Wahrheiten, gerade in den aktuellen volatilen und unberechenbaren Zeiten. Um so verlockender wirken denn auch einfache Wahrheiten oder radikal verkürzte Ursache-Wirkungs-Argumente. Aber auch jenseits der offenkundig falschen und unvollständigen Botschaften der politischen Marktschreier schlummert ein bedrohliches Potenzial in der mentalen Trägheit. Wir alle unterliegen gewissen Automatismen des Denkens, allein schon, um Denkvorgänge abschließen, Energie sparen und uns auf andere Fragen des Lebens konzentrieren zu können.

Die Kunst, die Haltung des Forschers aufrechtzuerhalten, ist der Gegenentwurf zur Gefahr der mentalen Trägheit. Die Haltung des Forschers verlangt uns viel ab, nämlich das kontinuierliche Hinterfragen unserer Grundannahmen über das Funktionieren der Welt und das Gelingen des eigenen Lebens. Wir müssen permanent die These mitdenken, dass unsere Annahmen am Ende doch falsch sind. Die ernsthafte Wissenschaftlerin im kritischen Rationalismus fühlt sich wahrhaftig in dem Moment, wenn sie eine Hypothese falsifizieren kann, wenn sie scheitert mit ihren bisherigen Vermutungen. Sie kultiviert den Vorgang des Loslassens. Das klingt nicht nur anstrengend, das ist es auch. Es stellt unser Selbstvertrauen fortlaufend auf die Probe. Folgen wir jedoch in der Selbstführung diesem kritisch rationalen Weg, führt uns dieser zwangsläufig zur Erhöhung der eigenen geistigen Autonomie.

Als tansformationale Selbstführer müssen wir den Vorgang des Loslassens kultivieren.

In der Selbstführung nach dem transformationalen Modell kommt dem i der intellektuellen Stimulierung eine zentrale Bedeutung zu, weil es langfristig mithilft, den eigenen Weg zu überprüfen und dann Anpassungen vornehmen zu können. Das Gegenteil von Dogmatismus oder Religion ist die Offenheit, sich von empirischer Evidenz leiten und vernünftige Gegenargumente gelten zu lassen. In diesem Sinne können selbst die eigenen Annahmen über das Gelingen des Lebens dogmatisch werden. Dogmatismus bedeutet, das Festhalten an einer Überzeugung für legitim zu halten, obwohl es stichhaltige Gegenargumente gibt. Das kritische Denken, also die kontinuierliche intellektuelle Stimulierung, ist das Gegenmittel gegen mentale Trägheit, gegen die Komfortzone unseres Denkens. Es hält uns jung und frisch, unabhängig vom Lebensalter.

Eine konkrete Fähigkeit zur Umsetzung einer kritisch rationalen Haltung ist die *psychologische Flexibilität*. Mit psychologischer Flexibilität wird unter anderem die Fähigkeit verstanden, alternative Optionen des Lebens zu erkennen, eingeschlagene Wege nicht nur starr und beharrlich zu verfolgen, sondern sie verlassen zu können und sich freizudenken von bisherigen Begrenzungen im engen Feld der Zielverfolgung. Wenn erforderlich, werden die bisherigen Ziele oder Spielregeln angepasst, anstatt in märtyrerhafter Selbstdisziplinierung an einer Aufgabe festzuhalten und sich dabei zu verrennen. Das Idealbild entspricht also gerade nicht dem des Sisyphos, sondern ähnelt eher dem Entdeckergeist eines Odysseus, Kolumbus oder Shackleton.

Die Schwierigkeit der psychologischen Flexibilität liegt darin zu erkennen, wann eine Zielverfolgung keinen Sinn mehr ergibt und besser die Ziele und Spielregeln dem eigenen Willen unterworfen und angepasst werden, anstatt sich selbst zu zwingen, die Ziele weiterzuverfolgen und sich mit militärischen Instruktionen, Durchhalteparolen oder Selbstbeschimpfungen zu regulieren.

Hilfreich für das Abwägen zwischen Zielverfolgung und Zielanpassung ist ein mitlaufender Prozess der Selbstbeobachtung und des Selbstdialogs, mit dem ein Abgleich der tagesaktuellen Erfahrungen mit einem zugrundeliegenden Gerüst an Vorstellungen über das Bedeutsame, Wertige, Sinnhafte erfolgt. Kommt es bei diesem Abgleich wiederholt zu spürbaren Diskrepanzen, stellt dies das Leben nicht grundsätzlich vor eine Krise. Es gilt dann vielmehr eine Annäherung zu erreichen zwischen dem, was man tut, und dem, was für einen Bedeutung hat und Sinn stiftet. In vielen Fällen genügt dafür eine feine Justierung in einem der wichtigen Lebensbereiche, in seltenen Fällen müssen zwei oder mehr Lebensbereiche neu geordnet werden.

Wenn wir in Coachinggesprächen nach den Zielen eines Klienten fragen, dann haben wir die Beobachtung gemacht, dass viele eine Art Plateau erreichen möchten. Für viele geht es darum, ein Problem ein für alle Mal aus der Welt zu haben, eine Kompetenz ein für alle Mal erarbeitet zu haben, eine Fertigkeit ein für alle Mal zu beherrschen. Es scheint das Ziel zu sein, an einem definierten Ort anzukommen beziehungsweise einen definierten Zustand zu erreichen.

Es gibt ein tiefliegendes Bedürfnis, anzukommen, einen plateauartigen Zustand der Zufriedenheit, der Harmonie oder Ruhe zu erreichen. In der transformationalen Selbstführung muss man akzeptieren, niemals anzukommen und fertig zu sein; ein Leben im Fluss anstatt in Zielen und Etappen.

Ankommen und irgendwie fertig sein scheinen wichtige Bedürfnisse zu sein. Damit verbunden ist offenbar ein bestimmtes Gefühl, das beinahe allgemeingültig zu sein scheint. Auf die Frage, wie sich dieses Zielerreichen anfühlen würde, wie es zu spüren wäre, beschreiben die meisten Coachees dieselben Aspekte: durchatmen, frei sein in der Brust, sich zurücklehnen, sich strecken. Etwa als ob man sich nach einer langen beschwerlichen Reise endlich ausstrecken und hinlegen könnte. Wir alle suchen ein Gefühl der Ruhe und Zufriedenheit.

Das Ziel vieler Coachees scheint zu sein, irgendwie endlich frei zu sein von Problemen. Dabei ist es vielleicht das einzige Problem, zu denken, man sollte keine Probleme haben.

Der *Plateau-Gedanke* in der Selbstführung entspringt einer transaktionalen Haltung, der Abschied vom Plateau-Gedanken wäre ein Schritt hin zu einer transformationalen Haltung. Der Zustand, den man mit einer transaktionalen Zielorientierung erreicht, bleibt unvollständig, oder es schließt sich direkt das nächste Ziel an. Das Glücklichsein, von vielen als allgemeines Lebensziel definiert, ist ein Beispiel für das Plateaudenken. Sollte sich einmal ein glücklicher Moment im Leben einstellen, versuchen wir ihn festzuhalten, nur um feststellen zu müssen, wie flüchtig dieser Zustand ist.

Wir müssen akzeptieren, dass wir niemals fertig, niemals vollkommen sein werden; das Leben im Fluss gedacht beinhaltet die Chance der Lenkung von Energie, ohne jedoch einen spezifischen Zustand erreichen zu können oder zu müssen. Der Lebensweg des Werdens, insbesondere die sinnstiftenden Aktivitäten des eigenen Lebens und das Erleben damit verbundener erfüllender Momente machen das Leben lebenswert, nicht das Erreichen von Zielzuständen oder das Erklimmen eines Plateaus.

Die intellektuelle Herausforderung in der Selbstführung beinhaltet den Abschied vom Plateau-Gedanken, das forschungsähnliche Hinterfragen der eigenen Weltsicht, das Sich-Freidenken von herkömmlichen Denkbarrieren und das Aufrechterhalten der psychologischen Flexibilität.

Als Zusammenfassung führen wir in der nachfolgenden Tabelle noch einmal stichwortartig die wichtigsten Handlungen der transformationalen Selbstführung auf, sortiert nach dem Modell der 4i:

Inspirierende Motivation	Individuelle Berücksichtigung	Ideelle Klarheit	Intellektuelle Herausforderung
Denken in Sinnbildern anstatt in Zielfotos	Sich neugierig beobachten und Potenziale suchen	Werten folgen anstatt Zielen	Abschied nehmen vom Plateau-Gedanken und akzeptieren, dass man nie fertig sein wird

Inspirierende Motivation	Individuelle Berücksichtigung	Ideelle Klarheit	Intellektuelle Herausforderung
Finden, was anzieht, und diesem Platz im Leben geben	Den eigenen Potenzialen zur Entfaltung verhelfen, Schritt für Schritt	Mehr Echtheit wagen	Psychologische Flexibilität vor Selbstregulierung; besser Ziele anpassen als unter ihnen zu leiden
Sinn maximieren, nicht Profit	Die eigenen Unzulänglichkeiten akzeptieren und nicht mehr darunter leiden	Sein eigenes Vorbild leben	Die Komfortzone des Denkens verlassen: Nimm an, Du hast doch nicht recht und die Welt ist ganz anders.
In fließenden Lebensphasen denken, nicht in Etappen oder Zielen	Achtsam mit sich und den eigenen Ressourcen umgehen	Sich als Autor begreifen und sein Leben bewusst gestalten	Neugier anstatt Ehrgeiz; mehr Forscher sein als Krieger.

3.3 Der richtige Mix

In diesem dritten Kapitel haben wir bis hierher die Haltung der transformationalen Führung herausgearbeitet und sie der transaktionalen Haltung gegenübergestellt. Danach haben wir gesammelt, welche Handlungsweisen in der Selbstführung der transformationalen Führung entsprechen und diese anhand des Modells der 4i sortiert. Das zweite Kapitel zum Führungsstil haben wir damit beschlossen, einen Mix aus beiden Führungswelten zu empfehlen. Anhand des Leadership-Grids wurden mögliche Kombinationen von beiden Führungsstilen veranschaulicht, wobei die empirische Forschung nahelegt, dass die größte Führungseffektivität erwartet werden kann von einem Mix aus maximaler transformationaler und moderater transaktionaler Führung.

In Anlehnung an die Diskussion zum Abschluss des zweiten Kapitels beschließen wir nun auch das dritte Kapitel mit der Botschaft: Auch in der Selbstführung verspricht ein Mix aus transaktionalen und transformationalen Handlungsweisen die größte Effektivität. Wir empfehlen, eine transformationale Haltung einzunehmen und möglichst viel von den in der vorigen Tabelle aufgeführten transformationalen Handlungen auszuführen. Transaktionale Elemente haben durchaus ihren Wert, allerdings nur in einem geringen Umfang und unter bestimmten Rahmenbedingungen.

Was sind die Bedingungen, in deren Rahmen transaktionale Elemente der Selbstführung Sinn machen können? Dazu ein weiteres Beispiel aus dem Sport: Der ambitionierte und talentierte Stabhochspringer Ben will sich heute richtig fordern. Er schlägt seinem Trainer Peter eine Wette vor: »Wenn ich jetzt nicht 10 Sprünge am Stück fehlerfrei mache, dann muss ich Dich zum Essen einladen.« Sein Trainer ist überrascht, nimmt die Wette aber an. Er behält sich sogar vor, während der Sprünge hineinzurufen und den Ablauf bei der Sprungvorbereitung zu stören. Selbst unter verschärften Bedingungen gelingt es Ben heute, die zehn Sprünge am Stück fehlerfrei zu absolvieren. Anschließend klatschen sie sich ab und verabreden sich dann doch noch zum gemeinsamen Abendessen.

In diesem Beispiel wenden Ben und sein Trainer Peter rein transaktionale Trainingsmethoden an, die auch den gewünschten Effekt einer erhöhten Konzentration und punktuellen Hochleistung hervorbringen. Trotz der gesteigerten Anforderungen scheinen beide das Training genossen zu haben; ganz nach dem Erfolgsgrundsatz guter Trainings: mindestens einmal richtig schwitzen und mindestens einmal zusammen lachen.

Die erfolgskritische Nebenbedingung für das Funktionieren des transaktionalen Führungselements in unserem Beispiel besteht darin, dass das Transaktionale von Sportler Ben selbst gewählt war und einem höheren Zweck diente. Es machte für Ben Sinn, sich in dieser Phase dem gesteigerten Druck auszusetzen; er wählte die harte Hand des Trainers freiwillig.

Transaktionale Instrumente der Selbstführung müssen, um positiv wirksam zu sein, selbst gewählt sein und in Bezug auf ein größeres Vorhaben Sinn machen.

Wie das Beispiel zeigt, kann es mit Hilfe von transaktionalen Instrumenten der Selbstführung vorübergehend Sinn machen, sich selbst zu disziplinieren und ein Ziel fokussiert zu verfolgen. Es gilt dabei stets, eine sinnstiftende Antwort auf die Frage nach dem Warum der zielorientierten Selbstregulation zu haben. Der Grund sollte gut überlegt und nicht einfach durch die Erwartungshaltung der Außenwelt übernommen sein.

In der Wirtschaftswelt wird Leistung hoch geschätzt. Wie entsteht Höchstleistung? Dazu herrschen Glaubenssätze vor, die mit Selbstregulierung, Fokussierung, Disziplinierung, Optimierung, Mehraufwand oder Zielorientierung zu tun haben. Wie wir im zweiten Kapitel erläutert haben, kann man mit diesen transaktionalen Führungselementen tatsächlich Pläne umsetzen und Ziele erreichen. Aus diesem Grund halten sich die transaktionalen Glaubenssätze der Höchstleistung auch so hartnäckig in der Wirtschaftswelt. Die Gefahr: Die Leistungseffekte werden mit dem Verbrauch von Ressourcen erkauft und sind nur kurzfristig.

Für eine dauerhaft belastbare Selbstführung ist es entscheidend, den verlockend einfach erscheinenden transaktionalen Ziel-Weg-Ansätzen nicht zu viel Raum im Leben zu geben. Es gilt vielmehr, sich mit der transformationalen Haltung auseinanderzusetzen und möglichst viel von den transformationalen Handlungen der 4i auszuführen.

Von den 4i kann man nicht zu viel machen. Anders mit den transaktionalen Elementen: Diese dürfen nur für kurzfristige, isolierte und überschaubare Etappen oder Teilaufgaben zum Einsatz kommen und müssen immer selbst gewählt sein im Rahmen einer umfassenderen, sinnstiftenden Aktivität. Nur unter diesen Rahmenbedingungen können die transaktionalen Instrumente in der Selbstführung helfen, ohne zu Frust oder zum Verlust von Selbstvertrauen und Lebensenergie zu führen.

Transaktionale Instrumente der Selbstführung sollten nur selbstgewählt und für überschaubare Etappen eingesetzt werden. Von den 4i der Selbstführung hingegen kann man nicht zu viel machen.

4 Zwölf Übungen zur transformationalen Selbstführung

In der Einleitung und im ersten Kapitel dieses Buches haben wir über Rahmenbedingungen gesprochen, mit denen sich Selbstführung in unseren modernen Zeiten auseinanderzusetzen hat. Wir haben die Welt als volatil und brüchig, als unsicher und angstmachend, komplex, mehrdeutig und nicht mehr linear erklärbar beschrieben, was für die vorherrschenden Methoden des plan- und zielorientierten Managements Herausforderungen darstellt, an denen diese scheitern. In der Selbstführung dominieren noch immer die Methoden des zielorientierten Managements, obwohl sie im Angesicht der sich dynamisch verändernden Umwelt nur zu Frust und zum Verlust von Selbstvertrauen und Lebensenergie führen. In Anlehnung an die im zweiten Kapitel zusammengefassten Erkenntnisse der Führungsstilforschung haben wir im dritten Kapitel vorgeschlagen, eine transformationale Haltung für das Führen von uns selbst einzunehmen und möglichst viel von den 4i der Selbstführung zu praktizieren. Mit diesem vierten Kapitel stellen wir nun, sortiert nach den 4i, zwölf Übungen zur Selbstreflexion und zum Experimentieren vor, mit denen man sich selbst besser auf die Schliche kommen und eine transformationale Selbstführung einüben kann.

Man kann jede Tätigkeit als Kunst, als Handwerk oder als Schinderei ausführen.
Stephen Nachmanovitch, Free Play

In den vorangegangenen Abschnitten haben wir eine Haltung beschrieben, die aus unserer Sicht hilfreich ist, um den Chancen und Unwägbarkeiten der Zukunft zu begegnen. Die transformationale Haltung mündet eben gerade nicht in ein Manual, das einen Trainingsplan vorgibt oder bestimmte Verhaltensweisen kleinteilig anweist. Dennoch wollen wir im weiteren Verlauf versuchen, Anregungen zu geben, die transformationale Haltung auch praktisch umzusetzen. Dafür beschreiben wir auf den folgenden Seiten Übungen und Fragestellungen, welche wir in unterschiedlichen Coachingsituationen und praktischen Trainings in der Wirtschaft und im Spitzensport erfolgreich eingesetzt haben. Es ist nicht erforderlich, alle Übungen zu absolvieren oder eine bestimmte Reihenfolge abzuarbeiten. Vielmehr empfehlen wir, nach dem Lesen dieses Kapitels mit der Anregung zu starten, die einem selbst besonders vielversprechend erscheint. Viele fanden es hilfreich, die Übungen mit einer vertrauten Person durchzuführen; wir geben dafür noch einige Tipps, die bei der Wahl des richtigen Buddys unterstützen können. Um sich selbst transformational zu begegnen und die 4i der transformationalen Selbstführung anzuwenden, braucht es immer wieder Zeit und Raum, sich mutig, offen und beobachtend, also zunächst nicht bewertend, wesentlichen Fragen zu stellen und sich selbst mit wohlwollender Neugier zu betrachten.

Die folgenden Übungen bieten Anregung und Hilfestellung dafür, genau dies zu tun. Welchen Effekt erzielen diese Übungen? Die Übungen werden nicht in so etwas wie einen 5-Punkte-Plan mit Abnehmgarantie münden. Vielmehr, um in diesem Bild zu bleiben, stehen am Ende Prinzipien einer bewussten gesunden Ernährung, die in deinen Alltag passen.

Wir haben die in diesem Kapitel dargestellten **Selbstreflexionen, Experimente** und **Übungen** den 4i zugeordnet. Jede Übung behandelt den Kern einer der vier Aspekte transformationaler Selbstführung. Und gleichzeitig lassen sich die 4i in der Anwendung nicht glasklar voneinander trennen. Die Auseinandersetzung mit den Fragen eines der i fördert parallel die persönliche Klärung eines anderen i. Wer sich beispielsweise mit der Frage »In welche Richtung will ich gehen?« befasst (inspirierende Motivation), wird dabei möglicherweise auch mehr Klarheit über die eigene Werthaltung erlangen (ideelle Klarheit). Die 4i ergänzen und verstärken einander. Wer für sich Klarheit in allen 4i hat, dem wird wahrscheinlich eine bewusstere und befriedigendere Selbstführung gelingen als jemandem, der nur eine Kernfrage der Selbstführung beantworten kann.

Alle Übungen und Experimente sind als Anregungen zu verstehen. Sie sollen dich in einer neugierigen und spielerischen Anwendung der Prinzipien der 4i unterstützen. Wir schlagen in dem Buch zwangsläufig eine Reihenfolge vor. Dieser kannst du folgen. Genauso gut kannst du die Übungen in einer Reihenfolge ausprobieren, die dich am ehesten anspricht. Alle Übungen sind auch Bestandteile unserer Coachings, Seminare und Workshops zum Thema Self-Leadership.

Zunächst eine Übersicht zu den Leitfragen der 4i im Einzelnen:

Inspirierende Motivation – In welche Richtung will ich gehen?

- Was stiftet momentan Sinn für mich?
- Welchem Zweck soll mein Handeln folgen?
- Welchen Platz hat dieser Sinn in meinem Leben?

Dies sind die Leitfragen bei der inspirierenden Motivation, denn erst wer ein Wozu hat, kann sich psychologisch flexibel auf wandelnde Rahmenbedingungen einstellen, ohne dabei frustriert zu sein, und kann bewusste Entscheidungen treffen, was zu tun und was zu unterlassen ist. Dabei geht es eben nicht, wie bereits in Kapitel 3 beschrieben, darum, die Frage nach dem Sinn des Lebens ein für alle Mal zu beantworten. Sondern es geht darum, in den ganz konkreten, als Nächstes anstehenden Tätigkeiten einen bewussten sinnvollen Beitrag zu erkennen.

Wenn also ein Klärungsprozess über die aktuelle Sinnfrage des eigenen Tuns aktiviert und ein Bild entstanden ist, welche sinnstiftenden Aspekte des Lebens mehr Raum erhalten sollten, welcher Richtung wir folgen wollen, dann führt uns das zu einer zweiten Frage: Wie kann ich dieser Idee von Sinn folgen?

Individuelle Berücksichtigung – Wie komme ich am besten voran?

- Wie erlebe ich Selbstwirksamkeit?
- Was sind meine Stärken und bisher ungenutzten Ressourcen?
- Wie gehe ich mit mir selber um?

Nur wenn ich mich kenne und akzeptiere und meine Handlungsmöglichkeiten erkenne und bewusst nutze, kann ich Stärken stärken und Energie dauerhaft aufbringen, ohne mich zu erschöpfen.

Wenn ich also eine Richtung habe und mir klar darüber bin, wie ich persönlich am besten vorankomme, werde ich dieser Richtung dauerhaft besser folgen können, als wenn ich mich daran orientiere, wie andere am besten voranzukommen scheinen.

Ideelle Klarheit – Wofür will ich stehen?

- Welche Werte sind mir wichtig?
- Welches Vorbild will ich mir selber sein?
- Wann fühle ich mich wohl in meiner Haut und stimmig in der Situation?

Diese Fragen helfen dabei, ein Wie zu beschreiben, dem ich in authentischer Weise folgen will im Kontakt mit anderen und mit mir selbst auf meinem Weg.

Wenn diese 3i für mich für die aktuelle Lebensphase beantwortet sind, dann ist eine Frage beziehungsweise noch ein i offen, das eben nicht in diesem Sinne abschließend beantwortet werden kann, sondern einen ständigen Prozess darstellt: den Prozess des neugierigen, wohlwollenden Dranbleibens.

Intellektuelle Herausforderung – Wie kann ich denken wie ein Forscher?

- Wie erhalte ich Neugier und Offenheit?
- Wie bleibe ich ein stetig Lernender?
- Wie mache ich aus Fehlern und Schwierigkeiten Quellen der Erkenntnis?

Die Auseinandersetzung mit diesen Fragen bietet bereits die Gelegenheit, ein Verhalten in eine Gewohnheit zu überführen. Dies ist erforderlich zur Verankerung der hilfreichen Verhaltensweisen in den Alltag. Verhalten macht Haltung sichtbar. Außenstehende müssten eine transformationale Haltung am beobachtbaren Verhalten erkennen können. Eine Persönlichkeitsentwicklung, die keiner merkt, ist keine.

In dem abschließenden fünften Schritt wird es dann um die Integration der Ergebnisse der Reflexionen und Experimente in das eigene Leben gehen.

Fazit und Integration der Reflexions- und Experimentergebnisse

- Was sind die wichtigsten Erkenntnisse aus den Übungen für mich?
- Wie kann ich Verhaltensweisen in Gewohnheiten überführen?
- Was könnte ein transformational geführtes Leben ausmachen?

Die Antworten und Ergebnisse der Übungen sind individuell bedeutsam und können nicht bewertet oder verglichen werden. Wenn du die Übungen sorgfältig und ernsthaft durchführst, wirst du Antworten auf die zahlreichen vorgenannten Fragen finden. Mit dem letzten Schritt möchten wir ermuntern, die Einsichten und Erkenntnisse in Handlungen zu überführen und aktiv zu werden. Verlasse nie den Ort einer Erkenntnis, ohne dich auf eine Handlung zu verpflichten. Andernfalls kommt es zu keiner Entwicklung und, noch schlimmer, es entstehen Dissonanzen zwischen Reden und Handeln, die das Selbstvertrauen schwächen können.

Allein oder mit Partner – wie sind die Übungen am besten durchzuführen?

Du kannst diese Übungen nach den folgenden Beschreibungen gut alleine durchführen. Mit einem Zettel, einem Stift, ausreichend Zeit und Muße. Am besten mit Blick aufs Meer oder eine Berglandschaft. Da sich das aber nicht immer umsetzen lässt, kann es auch wertvoll sein, die Übungen mit der Unterstützung eines Partners durchzuführen. Mit jemandem, der die Reflexion durch Resonanz anreichert. Was ist damit gemeint? Bestimmt hast du schon einmal die Erfahrung gemacht, dass du mehr Klarheit in deine persönlichen Fragen und Themen bringen konntest, wenn du deine Gedanken in einem Gespräch mit einem wohlwollenden Gesprächspartner geteilt hast. Allein das Aussprechen der Gedanken kann dabei helfen, sich innerlich zu sortieren. Dieses Phänomen machen sich Programmierer beim Rubber Duck Debugging zunutze. Sie reden mit einer Gummi-Ente über ihre Herausforderungen beim Coden. Selbst wenn man seine Gedanken, Fragen, Herausforderungen oder inneren Unklarheiten mit einer Gummi-Ente teilt, kann das offenbar klärende Effekte haben. Programmierer, die Rubber-Duck Debugging anwenden, berichten, dass ihr Code sich dadurch verbessert. Wir raten allerdings trotzdem dazu, einen Schritt weiter zu gehen und einen menschlichen Gesprächsparter zu wählen.

Wer wäre nun ein idealer Partner für unsere Übungen und Experimente? Natürlich kannst du einfach mit deinem besten Freund oder deiner besten Freundin mit Hilfe der Übungen die Gespräche weiter vertiefen, die du sowieso schon führst. Es kann aber auch sehr wertvoll sein, eine Person zu bitten, die dich noch nicht so gut kennt wie deine engsten Weggefährten, die dich seit der Schulzeit durchs Leben begleiten. Eine Person, die dir offen, neugierig und wohlwollend begegnet, aber noch kein gefestigtes Bild von deinen Qualitäten, Schwächen, Sorgen, Wünschen und Sehnsüchten hat. Jemand, der dir noch wirklich neue und überraschende Fragen stellen kann, die deine Perspektive erweitern und dich neue Blickwinkel auf dich selbst einnehmen lassen. Vielleicht bist du schon einmal auf einem Langstreckenflug oder einer Bahnfahrt mit einem Unbekannten so tief und vertrauensvoll ins Gespräch gekommen, dass ihr euch gegenseitig fast euer ganzes Leben erzählt habt? In einer absolut wohlwollenden und neugierigen Begegnung. Und am Ende der Zugfahrt fällt dir auf, dass du nicht einmal weißt, wie der Mensch heißt, dem du gerade deine ganze Lebensgeschichte erzählt hast. Eine solche Person ist dein idealer Partner für unsere Übungen. Nur lassen sich solche Begegnungen leider nicht planen. Finde also am besten einen Selbstführungs-Buddy, der dich noch nicht zu gut kennt, zu dem du aber eine so vertrauensvolle Beziehung hast, dass du dir vorstellen kannst, auch persönliche Themen mit dieser Person zu teilen.

Hinweise für deinen Selbstführungs-Buddy – die Kunst des guten Zuhörens und Resonanzgebens

Es gibt ein Sprichwort, das von so fundamentaler Bedeutung zu sein scheint, dass es uns bereits sowohl als angeblich griechisches, türkisches und auch chinesisches Sprichwort begegnet ist. »Wir haben zwei Ohren, aber nur einen Mund, damit wir doppelt so viel zuhören, wie wir reden.« Der Wert guten Zuhörens wird allgemein geschätzt. Wir alle haben vermutlich schon einmal erlebt, wie heilsam und klärend gutes Zuhören sein kann. Dennoch scheint es immer noch eine nicht ausreichend weit verbreitete Tugend zu sein. Wie wird man also wirklich gut im Zuhören?

Gutes Zuhören hängt nicht allein davon ab, ob du deinem Gesprächspartner mit einer zugewandten Körperhaltung gegenübersitzt, hin und wieder bestätigend nickst und dabei einen interessierten Gesichtsausdruck machst. Die Qualität des Zuhörens – und damit letztlich die Qualität des ganzen Gespräches – hängt vielmehr davon ab, in welcher inneren Haltung du deinem Gegenüber begegnest. Es lassen sich verschiedene Qualitätsstufen des Zuhörens unterscheiden anhand der Fragen, durch die du deine Aufmerksamkeit beim Zuhören lenkst. Nehmen wir an, dein Gegenüber berichtet dir von einer Herausforderung, einer Schwierigkeit, einem persönlichen Ziel, einem gelungenen Erlebnis. »Was kann ich dazu sagen? Welche eigenen Erfahrungen, Tipps und Hinweise habe ich zu dem Thema?«, könnten nun beispielsweise Fragen sein, die du dir beim Zuhören stellst. Das wäre die erste Stufe des Zuhörens. Du könntest dich aber als zweite Stufe des Zuhörens genauso gut fragen: »Was halte ich von dem, was ich da gerade erzählt bekomme? Finde ich das gut oder schlecht? Finde ich das richtig oder falsch?« Oder du fragst dich vielleicht (dritte Stufe des Zuhörens): »Was erfahre ich über die Person, die mir gerade ihre Geschichte erzählt? Was bewegt sie? Was scheint ihr wichtig zu sein?« Und du könntest dich fragen: »Was löst die Geschichte bei mir eigentlich aus? Welche Gedanken, welche Gefühle, welche Assoziationen?« Das wäre die vierte Stufe des Zuhörens. Durch die Fragen, die wir uns stellen, lösen wir kognitive Suchprozesse aus. Wir steuern durch Fragen den Fokus unserer Aufmerksamkeit. Dadurch tragen wir in grundsätzlich unterschiedlicher Weise zum Gesprächsverlauf bei.

Hören wir auf Stufe Eins oder Zwei zu, bleiben wir mit dem Fokus unserer Aufmerksamkeit bei uns selbst. Die durch die Fragen ausgelösten Suchprozesse führen uns zu eigenen Erlebnissen, Meinungen und Bewertungen. Unsere Reaktionen auf die Geschichte unseres Gegenübers drehen sich dann letztlich doch wieder um uns selbst: »Das kenne ich …«; »Bei mir war das ganz ähnlich …«; »Ich mache in solchen Situationen immer …«; »Du solltest unbedingt …« Oder wir neigen dazu, das Erleben unseres Gesprächspartners zu bewerten: »Das solltest du nicht so schwer nehmen …«; »So wild ist das nun auch wieder nicht …«, und so weiter. Selten entsteht dadurch eine tiefere Erkenntnis für unsere Gesprächspartner.

Hören wir demgegenüber auf Stufe Drei zu, wenden wir uns mit unserer Wahrnehmung ganz unserem Gesprächspartner zu: »Was macht die Situation für dich so herausfordernd?«; »Was genau bewegt dich?«; »Was ist dir wichtig?«, sind Nachfragen, die wir stellen, wenn wir uns auf den höheren Qualitätsstufen des Zuhörens unserem Gegenüber zuwenden. Erst jetzt lösen wir uns von unseren eigenen Geschichten und Bewertungskategorien und spannen einen offenen Reflexions- und Erkenntnisraum für unseren Gesprächspartner auf.

Auf Stufe Vier reichern wir dann das Gespräch durch Resonanz an. Resonanz geben bedeutet in diesem Zusammenhang, die eigene Reaktion und die eigenen Gedanken zum Gehörten beschreibend (und nicht bewertend) ins Gespräch mit einzubringen: »Wenn ich dir zuhöre, dann geht mir folgende Frage durch den Kopf …«; »Deine Erzählung löst in mir ein Gefühl von … aus«; »Bei mir kommt … an, wenn ich dir zuhöre«; »Das wirkt auf mich …« Diese Resonanz ist keine Deutung, keine Interpretation und schon gar keine Analyse der Geschichte des Gesprächspartners. Die Resonanz ist vielmehr ein Angebot eines neuen Blickwinkels, der eine neue Perspektive auf die eigene Geschichte ermöglicht. Und damit eine erweiterte Erkenntnis, die zu neuen Möglichkeiten führen kann.

»Höre nicht nur so zu, dass du dein Gegenüber besser verstehst. Höre so zu, dass dein Gegenüber sich selbst besser versteht.« – Dies ist der wesentliche Hinweis, den wir für die Rolle des Selbstführungs-Buddys geben wollen. Eine bewusste Gesprächsgestaltung nach den Stufen des Zuhörens kann dabei helfen. Ansonsten gilt »trust the process«: sich neugierig, offen und wohlwollend den Anregungen durch die Übungen zuwenden. Wir können nicht vorhersagen, wohin die Übungen führen werden. Wir sind jedoch überzeugt, dass sie gute Ausgangspunkte für unsere Entscheidungen sind, wie wir unser Leben führen und wohin wir unsere nächsten Schritte lenken wollen.

Die Darstellung der Übungen folgt immer diesem Muster:

- Wozu soll dich diese Übung anregen?
- Wie kannst du diese Übung durchführen?

Wir sind Verfechter des Effectuation-Prinzips, des Konzepts der kleinen Schritte. Durch das Angehen eines ersten Schritts in die vermutlich richtige Richtung entsteht zwangsläufig eine neue Situation mit neuen Rahmenbedingungen, Beteiligten und Ressourcen. Wenn wir unsere Energie sinnvoll lenken, wird Gutes entstehen, ohne dass wir heute schon sagen können, wie genau das Endergebnis aussehen wird. Der Mensch als werdendes Wesen, das Leben gedacht als Exkursion.

4.1 Inspirierende Motivation – In welche Richtung will ich gehen?

Übung 1: Fünf Leben – eine Selbstreflexion

Wozu soll dich diese Übung anregen? Die Übung hilft dabei, sich noch klarer darüber zu werden, welche Richtung im Leben einem persönlich als sinnvoll erscheint. In welche Tätigkeiten ist es wirklich wert, Lebensenergie zu investieren? Und welche Tätigkeiten sollten vielleicht weniger Raum im Leben einnehmen?

Unser Berufs- und Lebensweg ist die eine Möglichkeit unseres Lebens, die sich aus den verschiedensten Gründen manifestiert hat. Aber ist es auch die einzige Möglichkeit? Oder gibt es vielleicht Wünsche und Talente, die ein wertvolles Potenzial beinhalten, die aber aktuell nicht in voller Bewusstheit zur Geltung kommen? Der Schriftsteller Milan Kundera sagt, seine Romane seien ungelebte Möglichkeiten seines eigenen Lebens. Und wenn du noch nicht völlig eins geworden bist mit deiner beruflichen Funktion, dann wirst du hin und wieder den tagträumerischen Gedanken haben, dass in dir noch der ein oder andere Wunsch schlummert, das ein oder andere Talent, das bislang vielleicht nicht ausreichend bewusst gelebt wurde.

Die Übung *Fünf Leben* hilft dir, einen Blick auf diese eigenen Triebfedern des Handelns und Erlebens zu werfen. Es geht hier jedoch nicht in romantischer Weise um eine Übung im Stile amerikanischer Motivationstrainer: »Hey, du kannst immer noch alles erreichen, wenn du dich nur traust und es wirklich willst.« Wer mit 50 etwa den Traum hegt, Kampfpilot oder Olympiasieger zu werden, wird diesen Traum vermutlich tatsächlich nicht mehr verwirklichen können. Hinter jedem Traum stecken allerdings Motive und Werte, die ernst zu nehmen sind, denn sie sind letztlich auch jetzt schon Triebfedern des Handelns und bestimmen die Qualität deines Lebens.

Um sich selbst inspirierend führen zu können, ist es bedeutsam, zunächst zu klären, was uns persönlich wichtig ist, was bewegt. Inspiration ist keine objektive Angelegenheit. Nicht jeder ist durch dieselben Dinge und Erlebnisse inspirierbar. Inspiration entsteht vielmehr durch ein Zusammenspiel aus teils verborgenen Wünschen und Sehnsüchten und emotionalen Bildern von Möglichkeiten einer besseren, attraktiveren Welt.

Mit dieser Übung hilfst du dir die teils verborgenen Wünsche und Sehnsüchte bewusst zu machen und dir auszumalen, wie dein Leben aussehen würde, wenn diese inneren Tendenzen mehr Raum erfahren würden. Vielleicht lässt sich sogar deine persönliche Mission oder Vision daraus ableiten.

Wie ist diese Übung durchzuführen? Beantworte dir zunächst die Frage: Wenn du 5 Leben führen könntest, welche Leben wären das? Unterfragen dazu sind beispielsweise: Was würdest du tun? Was wäre dein Beruf? Wo würdest du leben? Wie würdest du leben? Mach dich für diese Übung frei von Beschränkung. Von Astronaut bis Zwergpirat ist alles erlaubt.

Schau dir dann an, welche Werte und Motive in diesen 5 Leben stecken. Unterfragen dazu sind: Was steckt hinter deinen 5 Leben? Was macht dieses Leben jeweils für dich interessant und attraktiv? Welche Motivation würde dich antreiben, welchen Zielen würdest du folgen?

Überprüfe für dich nun, wo diese Werte und Motive heute schon Platz in deinem Leben haben. Dafür schau dir jetzt deine Liste mit den Motiven und Zielen an, die sich aus deinen 5 Leben ableiten lassen. Wo haben diese jetzt schon einen Platz in deinem einen Leben? Und welche Motive finden keine Beachtung und keinen Raum? Vielleicht kann es hilfreich sein, hierfür deinen Kalender zur Hand zu nehmen und durch die letzten drei Monate zu gehen.

Abschließend folgt der Blick in die Zukunft: Wie können die Motive und Talente noch mehr Platz in deinem Leben finden? Unterfragen dazu können sein: Wie kann ein Monat gestaltet sein, in dem deine wichtigen Motive noch mehr Platz finden? Was würdest du intensivieren, was würdest du hinzufügen und was vielleicht beenden oder unterlassen? Nimm dir aus dieser Überlegung eine konkrete Aktivität vor und probiere aus, was passiert.

Beispiel: Annes 5 Leben sind Frauenärztin, Möbeldesignerin, Chirurgin, Pianistin und Filmmusikkomponistin. In den Wunschleben stecken für Anne die folgenden Motive und Werte: Menschen helfen bzw. Menschen emotional berühren, handwerkliche Meisterschaft erlangen und präzises Arbeiten sind wichtige Aspekte, die sich übergeordnet als Motive in Annes 5 Leben finden lassen. In ihrem tatsächlichen Leben ist Anne Psychotherapeutin. Das ist für sie schon sehr nah dran an einem sinnvollen Berufsleben. Und auch ihre Stärken können dabei gut zur Geltung gebracht werden.

Durch die Übung *Fünf Leben* ist ihr aber noch bewusster geworden, wie wichtig ihr präzises handwerkliches Arbeiten und Ästhetik sind, welche nicht zwingend in der Tätigkeit der Psychotherapeutin enthalten sind. Im Gegenteil: Psychotherapie bietet Raum für das Ungefähre. Es gibt jedoch spezielle psychotherapeutische Ansätze, die ein sehr genaues handwerkliches Arbeiten erfordern. Infolge der *Fünf-Leben*-Übung hat Anne ihr Engagement in der eigenen Weiterbildung in diesen Ansätzen konkret verstärkt. Und außerdem hat sie begonnen, sich systematisch mit der Wirkung von Räumen auf menschliches Befinden auseinanderzusetzen, was zu einer überdachten Einrichtung ihrer Gemeinschaftspraxis geführt hat.

Und zum Abschluss noch eine kleine, aber vielleicht wichtige Anregung zum Nachdenken. Wenn wir in unseren Überlegungen Viktor Frankl folgen, dann werden diejenigen Tätigkeiten als wirklich sinnvoll erlebt, die einem Zweck dienen, der nicht nur meiner eigenen Entwicklung, meinem eigenen Glück dient, sondern einem Zweck, der darüber hinausgeht. Also Tätigkeiten, die einem Zweck dienen, der größer ist als wir selbst. Sinnvoller erscheint es also, sich einer Aufgabe von Wert zu stellen und daran infolge der Auseinandersetzung mit dieser Aufgabe zu wachsen. Und entsprechend weniger sinnstiftende Kraft haben Tätigkeiten, in deren Zentrum die eigene Bedürfnisbefriedigung und Motiverfüllung alleine steht (siehe dazu auch die Ausführung im ersten und dritten Kapitel zu Viktor Frankl, der Logotherapie und seinem Streit mit Abraham Maslow über die Bedeutung der Selbstverwirklichung).

Zur Illustration der Bedeutung dieser Überlegungen folgt ein konkretes **Beispiel** aus der Unternehmenspraxis: Karl ist Teilnehmer eines unternehmensinternen Programms zur Entwicklung von Führungskräften. Er nimmt an diesem Trainingsprogramm teil, weil er seine Chancen und Kompetenzen im Hinblick auf seine weiteren Karrieremöglichkeiten im Konzern optimieren möchte.

Peter hat eine Produktidee, von der er die Verantwortlichen im Unternehmen überzeugen kann. Er glaubt, dass von dieser Produktidee sowohl das Unternehmen als auch die Kunden profitieren werden. Er hat die Zusage dafür bekommen, sich ein Team zur Entwicklung eines Prototyps zusammenstellen und führen zu dürfen. Aufgrund dieser Zusage ist auch er Teilnehmer in demselben Trainingsprogramm, an dem auch Karl teilnimmt.

Welcher der beiden wird wohl mehr Sinn in dem Trainingsprogramm finden? Sicherlich können beide das Programm als gleichermaßen sinnvoll erleben und persönlichen Nutzen daraus ziehen. Wir wollen auch nicht das egozentrische Sinnerleben Karls als zweitrangig abtun. Mit einiger Wahrscheinlichkeit spürt Peter ein konkretes Sinnerleben und kann noch klarer für sich unterscheiden, welche Inhalte für ihn Sinn ergeben und welchen Gedanken und Anregungen er konsequent folgen will. Denn er hat einen direkten Zweck, der die Inhalte des Programms für ihn sinnvoll werden lässt, und eben nicht nur den Selbstzweck der persönlichen Entwicklung.

Mit diesem Beispiel im Hintergrund wirf doch noch einmal einen Blick auf deine 5 Leben. Welchen Beitrag leistest du, wenn du noch mehr den Motiven und Bedürfnissen folgst, die du in den 5 Leben beschrieben hast? Zur welcher Problemlösung würdest du etwas beisteuern und welche Bedeutung hat das für andere Menschen? Steckt eine Vision oder eine Mission in deinen 5 Leben?

4.2 Individuelle Berücksichtigung – Wie komme ich voran?

Wer sich führen will, ohne sich dabei in vorgefertigte Schablonen zu pressen, der muss sich kennenlernen und einen ehrlichen und offenen Blick auf seine eigenen Stärken und Schwächen werfen.

Übung 2: Brillante Momente – eine Selbstreflexion
Wozu soll dich diese Übung anregen? Von uns wird verlangt, auskunftsfähig zu sein über unsere Stärken und Schwächen. In Vorstellungsgesprächen beispielsweise, aber auch einfach in Gesprächen mit dem Chef. Aber häufig greift man hier dann doch auf einstudierte, mitunter taktische Beschreibungen zurück. Es entsteht ein Stärken/Schwächen-Selbst, das sich im Verlauf der Karriere verselbstständigt, aber nicht mehr unbedingt viel mit einer authentischen Selbstwahrnehmung zu tun hat.

Einen treffenderen Zugang zu unseren Stärken bieten nicht so sehr Kompetenzbeschreibungen, sondern echte Erlebnisse. Jeder von uns hat – kleine oder große – Momente, in denen etwas gelingt, sich ein Erfolg einstellt oder ein erwünschtes Ereignis wirklich eintritt. Diese Momente sind vermutlich das Produkt verschiedener Faktoren. Vielleicht spielte Glück eine Rolle, aber sicherlich stecken in diesen brillanten Momenten auch authentische Informationen über eigene Ressourcen und Stärken.

Wir haben unterschiedlichen Zugang zu unseren Ressourcen und Stärken. Manchen Menschen fällt es leichter, manchen fällt es schwerer zu benennen, was man gut kann, worauf man bei sich vertrauen kann und was einem leicht von der Hand geht und worin man unter Umständen sogar besser ist als andere.

Ganz gleich, zu welcher Kategorie du dich zählst: Ein Blick auf deine brillanten Momente lohnt sich, wenn du wissen willst, auf welche Ressourcen und Stärken du in der Selbstführung zählen und bauen kannst.

Wie ist diese Übung durchzuführen? Erinnere dich an drei brillante Momente der letzten Jahre, die du erlebt hast. Brillant heißt nicht unbedingt großartig oder außergewöhnlich. Es geht nicht um die großen Erfolge im Leben, bei denen es fast immer jemanden gibt, der einen noch größeren Erfolg erzielt hat. Es geht vielmehr um die Momente, die stimmig und klar waren. Ein Moment des Durchatmens und Zufriedenseins. Gemeint sind also – wie gerade beschrieben – wirklich konkrete Momente, also beispielsweise der Moment der Abschlusszeugnisübergabe und nicht die gesamte

Lernphase davor. Oder auch der Moment, in dem ein Kollege erzählt, dass ein Vorhaben gelungen ist, das man gemeinsam auf den Weg gebracht hatte. Aber auch Momente außerhalb des Berufslebens eignen sich für die Übung.

Lass nun nacheinander diese brillanten Momente wieder vor deinem geistigen Auge lebendig werden, so dass du eine lebhafte Erinnerung an diese Momente hast. Vielleicht kannst du dabei sogar die Gefühle wieder empfinden, die diesen Moment begleitet haben.

Nachdem du die brillanten Momente wieder hast aufleben lassen, stelle dir die folgende Frage: Abgesehen vom Faktor Glück bzw. angenommen, Glück hätte keine große Rolle gespielt, welche deiner Fähigkeiten und persönlichen Ressourcen haben dann wohl jeweils zu jedem der drei Momente beigetragen? Bleib dabei nicht an der Oberfläche und bei den Fähigkeiten, die du in der Businesswelt einem Vorgesetzten aufsagen würdest. Werde konkret bezogen auf den jeweiligen brillanten Moment. War es die Fähigkeit zuzuhören, die Fähigkeit schnell zu handeln, die Fähigkeit dranzubleiben, die Fähigkeit loszulassen, Ordnung herzustellen oder vielleicht eine ganz andere Fähigkeit?

Stelle nun, nachdem du alle drei brillanten Momente auf diese Weise durchgegangen bist, eine Liste zusammen mit den Fähigkeiten, die in deinen brillanten Momenten drinstecken. Lass diese Liste auf dich wirken und reflektiere die folgenden zwei Fragen:

- Welchen Effekt hätte es auf dich und deine Umwelt, wenn diese Fähigkeiten künftig noch mehr zum Ausdruck kämen?
- Und was kannst du tun, um diese Fähigkeiten in der nächsten Zeit noch mehr zur Geltung zu bringen?

Denke jetzt einmal an die vor dir liegende Zeit. Was kommt auf dich zu, was hast du geplant? Wie sehr entspricht das Geplante deinen Stärken, welche Ressourcen wirst du nutzen können? Wie kannst du die kommende Zeit gestalten, um mehr Stärken und Ressourcen zu nutzen? Viel Freude!

Übung 3: Reflected best self – eine Selbstreflexion mit Feedback

Wozu soll dich diese Übung anregen? Wann erleben mich andere Menschen als besonders wirksam oder im Flow? Wann wirke ich für andere energetisch oder »in meiner Mitte«? Womit trage ich aus der Perspektive von anderen Menschen, die mich in verschiedenen Situationen erleben, zum Gelingen dieser Situationen bei? – Die Übung *Reflected best self* hilft dir, eine Antwort auf genau diese Fragen zu erhalten. Ähnlich wie die Übung *Brillante Momente* hilft sie dir dabei, dir deiner Stärken, Fähigkeiten und besonderer Eigenschaften bewusst zu werden. Nur diesmal nicht allein aus deinem persönlichen Erleben heraus, sondern mit Blick auf deine Wirkung in der Welt.

Wie ist diese Übung durchzuführen? Erstelle zunächst für dich eine Liste von fünf bis zehn Personen (besser zehn als fünf), die dir eine wohlwollende Rückmeldung geben können. Denke dabei an verschiedene Lebensbereiche: Beruf, Familie, Freunde, Sport, Verein, Hobby, Nachbarschaft und so weiter. Kontaktiere dann diese Personen mit folgendem Anliegen:

> »Liebe*r …
>
> ich würde mich sehr über eine kurze Rückmeldung von dir/von Ihnen zu folgenden Punkten freuen:
> - In welcher Situation hast du mich/haben Sie mich persönlich »at my best« erlebt?
> - Wie war diese Situation?
> - Was habe ich getan?
> - Was habe ich dadurch zum Ausdruck gebracht und bei dir/Ihnen oder anderen ausgelöst?
>
> Es wäre klasse, wenn du/Sie mir deinen/Ihren Eindruck in ein paar Sätzen zusammengefasst zukommen lassen würdest/würden.«

Selbstverständlich kannst du den Text anpassen oder ein paar Worte hinzufügen, in welchem Zusammenhang du dieses Anliegen hast.

Wenn die Rückmeldungen eingegangen sind, kannst du sie anhand folgender Leitfragen durchgehen: Was überrascht mich? Was ist mir neu? Was war mir in Vergessenheit geraten? Was hatte ich so noch nie gesehen? Was freut mich? Worin sehe ich mich bestätigt? Der darauffolgende nächste Schritt verläuft ähnlich zur Übung *Brillante Momente*: Welche Stärken, Ressourcen und positiven Eigenschaften kommen in den Rückmeldungen zum Ausdruck? Inwieweit lebe ich diese Fähigkeiten bewusst? Was würde sich ändern, wenn ich diese Fähigkeiten noch mehr als meine Stärken bewusst anerkennen und einsetzen würde?

Abgesehen vom Potenzial zur Selbsterkenntnis hat diese Übungen noch ein »Neben-Potenzial« – nämlich das Potenzial, Beziehungen positiv zu intensivieren. Die Frage nach einer Rückmeldung dieser Art mag in vielen Fällen ungewöhnlich sein und viele Menschen zögern, ob sie überhaupt eine solche Frage stellen können. Aus der Erfahrung in unseren Seminaren können wir sagen, dass die Teilnehmenden sehr häufig davon berichten, dass die Übung wertvolle Gespräche über den ursprünglichen Inhalt dieser Übung hinaus ausgelöst hat. Unter anderem deshalb, weil man angeregt wird, das Reflected best Self zurückzugeben und selbst ein derartiges Feedback für die Person zu formulieren. So darf man sich auf angeregte und stärkende Gespräche freuen.

Übung 4: Schwächen neutralisieren – ein Experiment

Wozu soll dich diese Übung anregen? In der individuellen Berücksichtigung gilt es, seine Stärken und Potenziale zu erkennen und diesen zur Entfaltung zu verhelfen. Dabei sollte man aber ehrlich, im Sinne von Carl Rogers echt, mit sich selbst umgehen und sich wertschätzend begegnen. Eine Voraussetzung ist eine grundlegende Akzeptanz seiner selbst, insbesondere auch in den Schwächen. Ein transformationaler Selbstführer fokussiert auf die Stärken und Potenziale, ignoriert aber nicht die Schwächen. Die folgenden Gedanken können dich anregen, deine Schwächen besser akzeptieren zu können, indem du präzise zwischen Beschreibung und Bewertung trennst.

Wie ist diese Übung durchzuführen? Erstelle eine Liste deiner Schwächen. Zur Illustration folgt ein **Beispiel**: Dirks spontane Liste sieht so aus:

- Ich ernähre mich ungesund.
- Ich bin unproduktiv in der Arbeit.
- Ich ruiniere meine Gesundheit.
- Ich bin ein schlechter Sohn.

Dirk behauptet, seine Liste sei noch nicht vollständig, aber für das Beispiel genügt sie schon, denn das Selbstärger-Potenzial dieser Liste ist bereits enorm. Warum? Weil es Bewertungen sind und keine Beschreibungen von Verhaltensweisen. Zu einem Defizit oder einer Persönlichkeitsschwäche werden die Verhaltensweisen erst durch die Bewertung.

Der nächste Schritt der Übung sieht daher vor, für jeden Punkt der Liste die Verhaltensweisen oder Unterlassungen aufzuschreiben, die zu der Selbstbewertung als Schwäche geführt haben. Wenn Du die Verhaltensliste erstellst, achte peinlich genau auf die Formulierungen in der Verhaltensliste, denn du wirst feststellen, wie schnell wir wieder im Bewertungsmodus sind. Dirk hat diesen zweiten Schritt auch absolviert. Nun sieht seine Liste so aus:

- Ich esse kein Gemüse. Ich trinke pro Tag ein Liter Bier oder eine Flasche Wein. Ich esse zweimal am Tag warmes, hoch kalorienhaltiges Essen. Ich esse in jeder Pause eine Milchschnitte.
- Wenn ich bei der Arbeit einen spannenden Gedanken habe, dann recherchiere ich ihn sofort im Internet. Ich schaue jeden Morgen zehn Minuten aus meinem Bürofenster, ohne an die Arbeit zu denken.
- Ich rauche jeden Tag 25 Zigaretten. Ich fahre mit dem Auto oder Motorrad, aber nie mit dem Fahrrad.
- Ich besuche meine Eltern im Durchschnitt zweimal im Jahr. Ich empfinde keine Freude, wenn ich sehe, dass mich meine Eltern anrufen.

Schau dir nun als dritten Schritt deine Liste mit Schwächen an und leg deine Liste mit den Verhaltensweisen daneben. Welche Liste produziert mehr Selbstärger? Bei welcher Liste hast Du das Gefühl, etwas ändern zu können? Wann sind dir während der Übung konkrete Ideen gekommen, was du ändern könntest? Möglicherweise haben die auf diese Weise neutralisierten Schwächen etwas von ihrem Selbstärger-Potenzial verloren.

Um in die Planung von möglichen Handlungen zu kommen, kannst du dir jemanden vorstellen, den du gerne magst und der genau die Schwächen aufgelistet hat, die du für dich notiert hast. Was würdest du dieser Person raten? Wie sollte sie mit ihren Schwächen umgehen? Wie sollte sie sich begegnen?

Übung 5: Arbeiten, Lieben, Leiden – eine Selbstreflexion

Wozu soll dich diese Übung anregen? Diese Übung bedarf einer kurzen Einleitung: Wir werden heutzutage mehr denn je zur Selbstoptimierung angeregt. Der Historiker Yuval Noah Harari sieht in der Ausdehnung und Überwindung menschlicher Leistungs- und Lebensgrenzen vom Homo Sapiens hin zu einem »Homo Deus« den grundlegenden Trend, der unsere weitere Entwicklung als Menschheit im 21. Jahrhunderts bestimmen wird (N. Y. Harari, 2021). Wir wollen unser Glück mehren, unsere Lebensspanne ausdehnen, gesundheitlich unverwundbar werden. Und wir scheinen auf einem guten Weg zu sein. Die Quantified-Self-Bewegung, welche Selbsterkenntnis und Selbstverbesserung durch Datenerfassung und -analyse erreichen will, findet zunehmend Anhänger. Und auch ohne sich dieser Bewegung anzuschließen, weiten sich die Möglichkeiten zur objektivierten Selbststeuerung für uns stetig aus. Unsere Wearables zählen längst nicht mehr nur unsere Schritte, sondern sie messen auch unsere Herzfrequenz und Herzfrequenzvariabilität, unsere Atemfrequenz, den Sauerstoffgehalt unseres Blutes sowie die Dauer unserer Schlafphasen. Morgens ist dann in den Daten ablesbar, wie ich mich fühlen sollte und ob ich nach dem Arbeitstag noch genug Energie haben werden, die Feier zum 6. Geburtstag meiner Tochter ausrichten zu können: »Ihre Energiereserven sind erschöpft, meiden Sie Anstrengung, damit sich Ihre Batterie wieder aufladen kann und Sie morgen wieder in einen produktiven Tag starten können.« Was nun? Die Geburtstagsparty meiner Tochter absagen? Unsere zunehmenden Möglichkeiten der Selbstopimierung, die bereits in den vorangegangenen Kapiteln beschriebene Individualisierung der Arbeitswelt – all das führt dazu, dass wir individuelle Leistungsfähigkeit, Selbststeuerung und -kontrolle hoch priorisieren. Und dabei vielleicht manchmal übers Ziel hinausschießen.

Als Sigmund Freud nach dem grundlegenden Zweck der Psychoanalyse gefragt wurde, soll er geantwortet haben: Lieben und Arbeiten. Die Entwicklung der Fähigkeit zur Liebe und der Fähigkeit zur Arbeit als die zwei Kernaufgaben, denen jeder Mensch in seinem Leben gegenübersteht. Viktor Frankl wiederum wird zugeschrieben, diesen zwei Punkten einen dritten hinzugefügt zu haben. Nach Frankl sind die drei großen Aufgaben eines jeden Lebens: Arbeiten, Lieben und Leiden. Die Strategien und Fähigkeiten, die nötig sind, um diese Aufgaben zu erfüllen, sind von unterschiedlichem

Charakter. Arbeit erfordert Leistung, Liebe erfordert Selbstranszendenz und Leiden erfordert Akzeptanz. Leistung ist vielfach quantifizierbar. Wir können Kennzahlen definieren, anhand derer wir Leistung greifbar machen können. Aber Selbsttranszendenz? Und Akzeptanz? Das ist beides nicht in Kennzahlen auszudrücken. Es geht eher um einen Prozess und eine Haltung. Und zwar sich selbst gegenüber, den Mitmenschen gegenüber und dem persönlichen Leiden gegenüber, das eben auch Bestandteil des Menschseins, der conditio humana ist. Lerne leisten, um einen produktiven Beitrag zur Gemeinschaft zu erbringen. Lerne selbstlos zu lieben, um die Menschen, die dir nahe stehen, in der Entfaltung ihres seelischen Wohlbefindens zu unterstützen. Und lerne die schmerzhaften Bedinungen und Ereignisse des Lebens auszuhalten, denn ein Leben ohne Leiden existiert nicht. Das sind die Botschaften, die Frankls Dreiklang aus Arbeit, Liebe und Leiden für uns bereithält.

Für den Prozess einer bewussten Selbstführung bedeutet das, sich immer wieder darin zu üben, diese existenziellen Grundaufgaben zu unterscheiden. Denn in einem Klima der Selbstoptimierung sehen wir uns tendeziell dazu eingeladen, allen Anforderungen mit Leistung zu begegnen. Auch dann, wenn eigentlich Bewusstheit im Lieben oder Leiden gebraucht würde. Beispielsweise versuchen Paare einander darin zu übertreffen, welche tollen Dinge sie füreinander tun. Letztlich jedoch nicht wirklich für den anderen, sondern um sich an der eigenen Großzügigkeit zu erfreuen. Oder wir versuchen unangenehme Erlebnisse zu vermeiden, weil wir durch Leistung nach einem Glücksideal streben, und setzen uns in einer Art unter Druck, die uns chronisch unzufrieden macht. Auf diese Weise vergrößern wir unser Leiden, indem wir ständig bestrebt sind, so wenig wie möglich zu leiden. Irgendwie paradox, oder?

Wie ist diese Übung durchzuführen? Die Selbstreflexion besteht aus drei »Hand-aufs-Herz-Fragen«, die dir helfen können, die drei soeben genannten Aufgaben in deinem Leben zu unterscheiden. Die Fragen sind nicht einfach zu beantworten und ergeben höchstwahrscheinlich keine eindeutig klare Antwort. Vielleicht ist gerade diese Übung daher besonders geeignet, sie mit deinem Selbstführungs-Buddy durchzuführen.

1. Gibt es für dich ein Ziel der Selbstoptimierung? Woran würdest du erkennen, dass du dieses Ziel erreicht hast? Oder gibt es gar kein Ziel? Und Selbstoptimierung ist für dich ein kontinuierlicher Prozess, der kein Ende hat. Wodurch entsteht dann Zufriedenheit für dich? Und woran wirst du daher wahrscheinlich in diesem Prozess immer wieder leiden?
2. Welcher Person würdest du anders begegnen, wenn du aufhören würdest, von ihr zu erwarten, dass sie deine Bedürfnisse erfüllt? Und sie stattdessen in ihren Bedürfnissen losgelöst von dir wahrnimmst? Was würde das im Umgang mit dieser Person verändern?
3. Angenommen, du würdest dich zu der Sichtweise entschließen, dass bestimmte unangenehme Dinge, schwierige Interaktionen oder eigene belastende Gedanken und Verhaltensweisen, unter denen du aktuell leidest, niemals ganz verschwinden werden? Was würde sich dann ändern?

Wenn du diese drei Fragen ernsthaft in deinen Gedanken bewegst, kannst du vielleicht für dich noch klarer sehen, welchen der drei Lebensaufgaben du dich bewusster widmen könntest. Ist es für dich eher ein Thema, den Prozess deiner persönlichen Leistungsentwicklung bewusster zu gestalten und Fortschritte hier noch greifbarer zu machen? Oder wäre es eine wertvolle Aufgabe für dich, dich in Beziehungen noch offener deinem Gegenüber zuzuwenden und die eigenen Bedürfnisse und die des Gegenübers noch unabhängiger voneinander zu betrachen? Oder liegt für dich eine neue Perspektive eher darin, Leiden und Unbehagen noch mehr als Bestandteil deines Weges zu akzeptieren? Und sich noch mehr von deinen Werten leiten zu lassen als von einem kurzfristigen Erfolgs- oder Zufriedenheitsgefühl?

Diese dafür notwendige Werteorientierung braucht eine Bewusstheit der Dinge, die einem wichtig sind. In der transformationalen Selbstführung spricht man von ideeller Klarheit, der wir uns im nächsten Abschnitt widmen.

4.3 Ideelle Klarheit – Wofür will ich stehen?

Übung 6: Fünf Vorbilder – eine Selbstreflexion

Wozu soll dich diese Übung anregen? Da in einer unsicheren und volatilen Umwelt Ziele und übernommene Traditionen nicht mehr der Orientierung dienen können, werden Werte als Entscheidungs- und Handlungskompass immer wichtiger. In der transformationalen Führung von Teams stiftet die Führungskraft Orientierung durch die eigene Werthaltung und durch ihr Vorbild. In der transformationalen Selbstführung gilt es, den eigenen Wertekompass zu reflektieren und die eigenen Handlungen und Entscheidungen vor diesem Hintergrund kritisch zu überprüfen. Welches Vorbild möchte ich mir selber sein oder, wenn du Kinder hast, welches Vorbild möchtest du, das deine Kinder haben?

Ein Problem bei der Diskussion und Reflexion von Werten ist jedoch: Werte sind abstrakt und eigentlich immer positiv. Wenn jemand sagt: »Mir ist Gerechtigkeit wichtig«, würde wohl kaum jemand sagen: »Mir nicht.« Werte bekommen erst in der Handlung ihren eigentlichen Wert. Machen wir es also konkreter und blicken für diese Übung auf Menschen, die wir durch ihre Handlungen schätzen.

Wie ist diese Übung durchzuführen? Schreibe spontan 5 der wichtigsten Menschen in deinem Leben auf, die du sehr schätzt. Mache diese Übung am besten realistisch, greifbar und konkret. Vielleicht bist du durch den Titel der Übung *Fünf Vorbilder* versucht, Menschen zu nennen, die gemeinhin sozusagen als universelle Vorbilder für einen bestimmten Wert stehen. Also z. B. Gandhi, Martin Luther King oder Steve Jobs. Die Empfehlung für diese Übung ist jedoch, Menschen zu nehmen, die dir persönlich bekannt sind und deren gelebten Werte du aus eigener Erfahrung kennst.

Schreibe die wesentlichen drei positiven Eigenschaften neben jede Person, die diese Personen vor allem auszeichnen. Nicht mehr als drei. Die wichtigsten positiven, wegen der du die Person wirklich schätzt.

Finde konkrete Beispiele, wie du diese Werte und Eigenschaften in deinem Leben lebst. Überlege: Was hält dich davon ab, mehr davon zu tun?

Was kannst du ab heute in dieser Woche tun, um mehr von diesen Werten in Handlungen manifest werden zu lassen?

Übung 7: Autor-Opfer-Check-up – ein Experiment
Wozu soll dich diese Übung anregen? In Kapitel 3 haben wir die Unterscheidung Autor und Opfer und das damit verbundene unterschiedliche Selbstwirksamkeitserleben dargestellt. Wir alle sind sowohl Autoren und wir alle sind auch Opfer der Umstände. Aber eines ist klar: Bewusste Veränderung und Entwicklung kann es nur geben, wenn wir uns als Akteure unseres Lebens, als Autoren verstehen. Und Autor seines Lebens zu sein, ist zunächst keine Frage der Umstände, sondern eine Frage der Haltung den Umständen gegenüber.

Einen Ausdruck findet unsere Haltung unter anderem in der Sprache. Das Experiment Autor-Opfer-Check-up wird dich dazu anregen, deine Haltung durch einen ehrlichen Blick auf deine Sprachgewohnheiten, vor allem in deinen Selbstdialogen, zu reflektieren und – und das wird das Aufregende und Spannende an dieser Übung sein – dadurch auch zu verändern.

Wie ist dieses Experiment durchzuführen? Zur Konkretisierung nimm wieder deinen Kalender zur Hand. Wirf einen Blick auf die kommenden Arbeitswochen. (Diese Übung funktioniert nicht, wenn die kommenden Wochen Urlaub sind).

Und jetzt stelle dir vor, du erzählst einer anderen Person, einem Bekannten, einem Freund, jemandem aus der Familie, was in den nächsten Wochen auf dich zukommt. Das kannst du auf zwei grundsätzlich verschiedene Weisen tun: in der Opfersprache oder in der Autorensprache. Um die Unterscheidung zwischen Autoren- und Opfersprache deutlich spürbar zu machen und den eigenen Gewohnheiten des Selbstdialogs auf die Schliche zu kommen, darf man ruhig in die Extreme gehen und dabei die folgenden Muster verwenden.

- Autorensprache folgt diesem Muster: Ich will ... tun; Ich werde ..., weil ich möchte, ... mir wichtig ist, ... ich wichtig finde. Beziehungsweise: Ich will nicht, weil ... usw.
- Opfersprache folgt diesem Muster: Ich muss ...; Ich soll ..., weil ich ... muss, ... mein Chef will, ... es wichtig ist. Beziehungsweise: Ich kann nicht, weil ... usw.

Und nun gib deinem imaginären Gegenüber einen Einblick in deine nächsten Arbeitswochen. Was kommt auf dich zu und welche Bedeutung haben die Termine und Aufgaben für dich? Wähle dafür zunächst einmal konsequent die »Opfersprache«. Und wähle danach für denselben Zeitraum, dieselben Termine und Aufgaben einmal konsequent die »Autorensprache«.

Danach solltest du dich zurücklehnen und das Experiment Revue passieren lassen: Wie fühlt es sich an? Welche Gefühle und Gedanken begleiten die Schilderung in Opfersprache, welche die in der Autorensprache? Welche Sprache scheint dir vertrauter?

Und jetzt die entscheidende Frage der Selbstführung: Welche Termine oder Aufgaben ließen sich auch in Autorensprache nicht stimmig und sinnvoll beschreiben? Und welche Konsequenz willst (!) du daraus für die Zukunft ziehen?

Übung 8: Verschärftes Autor-Opfer-Check-up – ein Experiment
Wir können den Autor-Opfer-Check-up auch noch eine Stufe schärfer machen. Hier kommt eine Variante der Übung für Profis, die sich einen ehrlichen Blick auf sich selbst und ihre Prioritäten zutrauen.

Wie ist dieses Experiment durchzuführen? Nimm einfach nicht die nächsten Wochen wie in der Basisübung, sondern nimm eine zurückliegende Zeit. Bei einer vergangenen Phase brauchst du die Übung nur noch in der Autorensprache durchzuführen. Du hast diese Phase de facto ja schon gestaltet.

Beschreibe wieder einem imaginären Gegenüber deine Termine und Aufgaben in der Autorensprache (»Am vorletzten Montag bin ich früh zur Arbeit aufgebrochen, weil ich wollte, dass ...« usw.). Besonders erkenntnisreich, womöglich sogar schmerzhaft erkenntnisreich werden vielleicht diejenigen Aktivitäten und Termine sein, die du – ohne es in dem damaligen Moment bewusst reflektiert zu haben – aus einer Opferhaltung heraus getan hast. Vielleicht »musstest« du auf eine Geschäftsreise, hast zuhause aber erzählt, du »wolltest« viel lieber daheim sein? Wie ist es, jetzt zu formulieren, »ich bin zu dieser Geschäftsreise aufgebrochen, weil ich es wollte, weil ich es aus diesen und jenen Gründen wichtiger fand, als zuhause zu bleiben«? Diese radikale Formulierung der Eigenverantwortung kann wirksam zum Nachdenken anregen.

Ein Autor wählt bewusst. Ein Opfer tut, was für ihn ausgewählt wurde. Selbstverständlich: Wir sind alle bestimmten Zwängen ausgesetzt. Wir müssen für unser Auskommen sorgen, eine Krankenversicherung bezahlen, Steuern zahlen, Miete zahlen. Und wir müssen etwas tun, um dieses und anderes bezahlen zu können. Aber hin und wieder glauben wir, auch darüber hinaus noch viel mehr tun zu müssen und eben nicht Autor unseres Lebens zu sein. Es kann buchstäblich heilsam sein, einen Schritt zurückzutreten und mit sich selbst ein Autor-Opfer-Check-up im Sinne dieser Übung durchzuführen.

4.4 Intellektuelle Herausforderung – Wie kann ich denken wie ein Forscher?

Die transformationale Führung als die Führung des Wandels braucht Kreativität. Und Kreativität braucht das Loslassen gewohnter Gedankenmuster.

Intellektuelle Anregung ist dasjenige i der transformationalen Selbstführung, das am schwierigsten durch eine konkrete Übung umzusetzen ist, daher an dieser Stelle einige grundlegende Überlegungen, die dir helfen können, deine intellektuell anregenden Lebensinhalte zu finden. Was intellektuell stimuliert, ist individuell sehr unterschiedlich. Noch vor allen Übungen zur intellektuellen Herausforderung stehen der Appell und die allgemeine Werbung für Offenheit, Neugier und gegen die intellektuelle Trägheit.

Wir können grob drei Formen der intellektuellen Anregung in der Selbstführung unterscheiden: die technische, die künstlerische und die psychosoziale.

Die technische Form der intellektuellen Anregung ist zum Beispiel die Auseinandersetzung mit der Suche nach der Weltformel in der Physik, oder der Versuch, Quantenmechanik zu verstehen. Auch der Versuch, eine Lösung zu finden für medizinische Probleme, oder Fragen der Prozessoptimierung sind technische intellektuelle Stimulationen.

Die künstlerische Form der intellektuellen Anregung ist beispielsweise die Auseinandersetzung mit Theater, Malerei, Musik, Tanz etc. Und natürlich ist auch hier die Erfahrung mehr wert als der reine Konsum.

Die psychosoziale intellektuelle Herausforderung der Selbstführung ist die Auseinandersetzung mit sich selbst und anderen im Zusammenspiel. Für eine befriedigende Selbstführung ist dies vermutlich die ergiebigste Form der intellektuellen Stimulation, denn die Qualität unseres Lebens hängt zu einem großen Teil mit der Qualität unserer Beziehungen zusammen. Eine Selbstführung, die einsam macht, hätte ihren Zweck verfehlt.

Eine große, sozusagen übergeordnete intellektuelle Herausforderung des Zusammenlebens ist die Überwindung von *Egozentrik*, und zwar nicht die der anderen Menschen, die wir als Egozentriker erkennen, deren Rücksichtslosigkeit uns ärgert, sondern die eigene. Wir alle werden quasi als Egozentriker geboren und erhalten gleichzeitig die Entwicklungsaufgabe, diese Egozentrik zu überwinden und Empathie zu entwickeln. Ohne Egozentrik kann man seine Bedürfnisse nicht erkennen und nicht für sie eintreten. Ohne Empathie kann man keine Verbundenheit aufbauen. Beides ist überlebenswichtig.

Wir sind also zunächst für Egozentrik gekabelt, das ist unsere standardmäßige Voreinstellung ab Werk sozusagen. Letztlich gibt es kein Erlebnis, das wir nicht aus einer egozentrischen Perspektive heraus erleben. Und daher gibt es auch niemals jemanden, der ein Erlebnis in derselben Weise erlebt. Das gilt für alle Menschen in allen Situationen. Und darin liegt eine der großen Herausforderungen des Zusammenlebens. Der Versuch, eine andere Perspektive einzunehmen als die eigene, gleicht einem geistigen Klimmzug und ist niemals vollkommen zu leisten.

Diese intellektuelle Herausforderung immer wieder anzunehmen, stellt jedoch einen wesentlichen Bestandteil einer gelungenen Selbstführung dar. Je besser die Balance aus Egozentrik und Empathie gelingt, je besser man sich dem Verstehen anderer annähert, desto bessere Entscheidungen wird man im Umgang mit anderen treffen, desto besser wird man Interessen verstehen und integrieren können und desto befriedigender wird man sich durch das soziale Miteinander führen.

Übung 9: Empathie und Wertschätzung – ein Experiment

Wozu soll dich diese Übung anregen? Jeder Mensch tut immer das Beste, was er kann, mit dem, was er in diesem Moment als Handlungsressourcen zur Verfügung hat. Dieser Gedanke ist, konsequent zu Ende gedacht, ein radikaler Gedanke und Ausdruck einer konsequent wertschätzenden humanistischen Haltung. Mit diesem Experiment kannst du dich intellektuell herausfordern im psychosozialen Bereich.

Nach Carl Rogers kommt, wie wir in Kapitel 3 skizziert haben, den Ingredienzen der Empathie, der Echtheit und der Wertschätzung eine maßgebliche Bedeutung zu für den Aufbau von Beziehungen zwischen zwei Menschen. Nur wenn alle drei Zutaten vorhanden sind, können vertrauensvolle Beziehungsbrücken entstehen. Diese Übung eignet sich, um die eigenen Grenzen der Empathie und Wertschätzung zu ergründen und zu erweitern.

Wie ist dieses Experiment durchzuführen? Für diese Übung musst du offen sein. Ein bisschen psychologisches Interesse und selbstreflektorisches Vor-Training sind nicht schlecht. Das ist ein Experiment für den reiferen Selbstführer.

Schau dir noch einmal diesen Satz an: Jeder Mensch tut immer das Beste, was er kann, mit dem, was er in diesem Moment als Handlungsressourcen zur Verfügung hat. Jeder Mensch handelt also letztlich immer aus dem Wunsch heraus, etwas zu verbessern, oder aus einer persönlichen Not. Diesen Gedanken können wir nicht beweisen, aber er kann uns helfen, vorhandene Grenzen unseres Denkens zu erkennen und mehr zum Forscher und Entdecker zu werden.

Experimentiere damit, Gedanken dieser Art radikal ernst zu nehmen: Niemand handelt jemals wirklich vorsätzlich bösartig oder verrückt. Verhalten, das du als unangebracht empfindest oder bewertest, ist immer auch Ausdruck eines Bedürfnisses oder eben einer Not.

Beginne die Übung, indem Du eine Begegnung mit einem anderen Menschen erinnerst, die bei dir Ärger oder Empörung hervorgerufen hat. Versuche, dich wieder in die Situation hineinzuversetzen. Wie war der Ablauf der Begegnung? Wie hat sich die Situation verschärft? Was hast du gefühlt und gesagt? Wie ist die Begegnung ausgegangen und mit welchem Gefühl bist du zurückgeblieben? Was hast du damals über das Gegenüber gedacht?

Halte dir dann noch einmal diesen radikalen Gedanken vor Augen: Jeder Mensch tut immer das Beste, was er kann, mit dem, was er in diesem Moment als Handlungsressourcen zur Verfügung hat. Frage dich dann für die ärgerliche Begegnung, welches Bedürfnis dein Gegenüber hatte, welche Ressourcen dem Menschen zur Verfügung standen oder welche Not diese Person hatte?

Überprüfe schließlich, ob sich etwas verändert in deiner Wahrnehmung, wenn du die Not, das Bedürfnis des Gegenübers für dich benennst und nicht das Fehlverhalten.

Kann diese Sichtweise auf andere zur Gewohnheit werden? Wir erleben unsere Grenzen der Empathie und Wertschätzung gegenüber anderen in den ärgerlichen Begegnungen, in den persönlichen Niederlagen und Entwertungen. Aber überall dort, wo wir Grenzen erleben, können wir wachsen. Nichts ist schwieriger, als denjenigen gelten zu lassen, der dich nicht gelten lässt. Das ist das Meisterstück.

Übung 10: Der Vorurteils-Crasher – ein Experiment
Wozu soll dich diese Übung anregen? Wir alle haben unbewusste Vorstellungen darüber, wie die Welt, die anderen und wir selbst sind und sein sollten. Diese Vorstellungen bestimmen unser Handeln und unsere Bewertungen. Wenn ich mein Gegenüber für einen Spießer halte und mich selbst aber für aufgeschlossen (interessanterweise kommt die umgekehrte Wahrnehmung kaum vor), dann ist unser Miteinander zu einem guten Teil bereits vorbestimmt. Der Möglichkeitsraum der Begegnung ist bereits eingeschränkt, bevor die Begegnung begonnen hat. Entwicklung ist also immer auch damit verbunden, die eigenen Vorstellungen zu reflektieren, überkommene Vorstellungen über Bord zu werfen und die Welt mit anderen Augen zu betrachten. Intellektuell stimulierend ist es, Möglichkeiten im Denken zuzulassen, die der ersten spontanen Einschätzung der Situation widersprechen.

Die Übung *Vorurteils-Crasher* macht Spaß und wird dich sofort zu einem besseren Menschen und offeneren Zeitgenossen machen.

Wie ist dieses Experiment durchzuführen? Am besten führt man die Übung auf einer Zugfahrt durch. Man kann aber auch in einem Café, im Bus, im Restaurant oder im Supermarkt Vorurteile crashen. Überall dort, wo man auf viele unbekannte Menschen trifft.

- Lenke deine Aufmerksamkeit auf irgendeinen Menschen.
- Welche spontanen Assoziationen löst der Mensch bei dir aus?
- Welche Eigenschaften schreibst du ihm zu?
- Was könnte er beruflich machen?

Jetzt hast du vermutlich ein Stereotyp in dir aufgerufen. Der Mann mit Krawatte dir gegenüber ist bestimmt Controller in einem Konzern oder IT-Abteilungsleiter im Mittelstand.

Versuche dir jetzt denselben Menschen in einer ganz konträren Situation und Haltung vorzustellen. Vielleicht ist er eigentlich Sänger in einer Metal-Band oder Street-Art-Künstler, Biobauer oder Dichter oder Unterwasser-Schweißer. Probiere verschiedene Bilder aus und beobachte, wie sich deine Wahrnehmung des Gegenübers verändert.

Übung 11: Liebe deine Nächsten – ein Experiment

Wozu soll dich diese Übung anregen? Zugegeben: »Liebe deinen Nächsten« ist vielleicht ein etwas starker Titel für dieses Experiment. Letztlich ist er aber doch irgendwie passend. Tim Ferris zählt diese Übung sogar zum »Handwerkszeug für Titanen« (T. Ferris, 2016). Ähnlich dem Vorurteils-Crasher kann dir dieses Experiment die Augen für die anderen Menschen in deinem Leben öffnen und dir helfen, ihnen in einer offenen und wohlwollenden, ja eben sogar liebevollen Weise zu begegnen. Aber halt, nicht gleich zu viel des Guten. Beginnen wir mit einer wohlwollenden Haltung. Und das geht so:

Wie ist dieses Experiment durchzuführen? Dieses Experiment lässt sich ebenfalls überall dort gut durchführen, wo du für einen Moment Menschen beobachten kannst, ohne gleich mit ihnen in Kontakt zu treten – zum Beispiel im Bus, in der Bahn oder im Café. Wähle zufällig zwei dir unbekannte Menschen aus. Und dann wünsche diesen Personen Glück, in dem du sinngemäß den folgenden Satz denkst bzw. still zu dir selbst sagst: »Ich wünsche diesem Menschen, dass er glücklich ist.« Halte deine Aufmerksamkeit und den Gedanken für etwa zehn Sekunden lang auf die Person gerichtet, ohne mit ihr Kontakt aufzunehmen. Nacheinander zuerst der einen, dann der anderen Person. Und dann beobachte einmal, welchen Effekt diese Übung auf dich selbst hat. Verändert sich deine Stimmung? Vielleicht verändert sich auch deine Haltung gegenüber deinen Mitmenschen? Diese Übung ist besonders hilfreich und spannend, wenn man dazu neigt, schnelle und klare Urteile über Menschen zu fällen. Viele Menschen berichten, dass die Übung sie beispielsweise darin unterstützt, ihren Mitmenschen milder und wohlwollender und offener zu begegnen. Und manche berichten sogar, dass sich diese Haltung auch auf sie selbst überträgt. Aber probier's mal selbst aus und schau, was passiert.

Übung 12: Check Your Mindset – eine Selbstreflexion

Wozu soll dich diese Übung anregen? Das i der intellektuellen Herausforderung erinnert uns daran, offen und neugierig in unserem Denken zu bleiben und die Komfortzone einfacher und bequemer Denkmuster zu verlassen. Wie wir dies tun, zeigt sich häufig in unserem Umgang mit Fehlern, Schwierigkeiten und Herausforderungen. Die Psychologin Carol Dweck beschreibt in ihrem Buch Mindset zwei grundlegende Denkmuster im Umgang mit Herausforderungen und Schwierigkeiten (C. Dweck, 2017). Im sogenannten fixed Mindset sehen wir unsere Fähigkeiten und Talente als gegeben an. Wir denken in etwa so: »Wenn ich Fehler mache, dann liegt das wohl daran, dass ich für diese Art von Anforderung wenig begabt bin und niemals wirklich gut darin werden werde.« Anders mit einem growth Mindset. Hier begegnen wir Schwierigkeiten eher so: »Wenn ich es diesmal noch nicht geschafft habe, dann kann ich es beim nächsten Mal anders machen und einen Schritt vorankommen.« Dieser kleine Unterschied im Selbstgespräch führt zu einer anderen Selbstwahrnehmung, einer anderen Selbst-Wirksamkeitsüberzeugung und letztlich zu einer erfolgreicheren (growth Mindset) oder eben weniger erfolgreichen (fixed Mindset) persönlichen Lerngeschichte.

Wie ist diese Übung durchzuführen? Sicherlich ist diese Mindset-Beschreibung kein »digitales« Merkmal eines Menschen. Eins oder null – man hat es, oder man hat es nicht. Es hängt von vielen Faktoren wie Erfahrung und Persönlichkeit ab, in welche Denkmuster wir auf Schwierigkeiten und eigene Fehler reagieren. Die gute Nachricht dabei: Denkmuster und Verhaltensweisen, die von Erfahrungen bestimmt sind, können auch entwickelt und trainiert werden. Wir können Erfahrungen in einem anderen Licht, aus einer anderen Perspektive betrachten und wir können neue Erfahrungen machen. Den Anfang macht Selbstreflexion und Bewusstmachung. In der folgenden Liste findest du Aussagen über den Umgang mit Fehlern, mit Herausforderungen und Gedanken über sich selbst in diesen Zusammenhängen. Hand auf's Herz: In welchen Aussagen findest du dich wieder? In welchen Situationen kennst du diese Gedanken von dir selbst?

fixed Mindset	growth Mindset
Ich kann das einfach nicht gut.	Was fehlt mir noch? Ich kann das üben und besser werden.
Ich kann das echt schon gut.	Ich bin auf dem richtigen Weg.
Ich geb's auf.	Welchen anderen Weg kann ich finden?
Das ist zu hart/zu schwierig.	Das wird eine Menge Anstrengung und Zeit brauchen.
Besser kriege ich das nicht hin.	Ich kann immer noch etwas besser werden, also bleibe ich dran.

fixed Mindset	growth Mindset
All diese Fehler zeigen, dass ich wenig Talent dazu habe.	Aus Fehlern weiß ich, was ich lernen kann.
Die Kollegin ist so schlau. So schlau werde ich niemals sein.	Ich bin neugierig herauszufinden, wie sie das anstellt.
Das ist gut genug so.	Ist das wirklich schon meine beste Leistung?
Der Plan funktioniert nicht.	Welche Strategien kann ich noch entwickeln?

Nimm nun eine konkrete Situation, in der du dich mit Hilfe der Liste/Tabelle dabei »ertappt« hast, im Stile eines fixed Mindset gedacht zu haben. Was wäre anders, wenn du dieser Situation mit einem growth Mindset begegnen würdest? Wie würde sich dein Umgang mit dieser Situation ändern? Welchen Effekt hätte das? Nimm dir eine konkrete künftige Herausforderung vor, der du mit einem growth Mindset begegnen möchtest. Was wäre ein guter Gedanke, der dich daran erinnert, im growth Mindset über diese Situation zu denken?

4.5 Mein nächster Schritt der Selbstführung: Integration

Blicken wir noch einmal auf die Übungen zurück. Vielleicht hast du alle anhand des roten Fadens durchgeführt, vielleicht hast du dir einige herausgegriffen, die dich besonders angesprochen haben und vielleicht hast du das Kapitel nur gelesen. Die Übungen können Anregungen geben, resultieren aber nicht in einem Kochrezept, einer Checkliste des Lebens oder einem transaktionalen Trainingsplan.

Wenn wir der transformationalen Haltung folgen, dann geht es nicht um finale Zielzustände, sondern darum, unseren Lebensweg aktiv zu gestalten und dabei das eigene Werden zu genießen. Die Entwicklung an sich hat einen Wert. Die Entwicklung kann verschiedene Ebenen einschließen: unser persönliches Wachstum, unseren fördernden Einfluss auf andere oder die Weiterentwicklung unseres Teams, unserer Organisation oder Gesellschaft.

Wir möchten anregen, sich auch in unsicheren Zeiten selbst zu führen, aber eben nicht auf eine herkömmliche Weise des Selbstmanagements mit unreflektiert hohen Anteilen an Selbstregulierung und Selbstdisziplinierung, sondern in einer transformationalen Weise, die es uns erlaubt, an den Herausforderungen und Unwägbarkeiten einer sich dynamisch wandelnden Umwelt zu wachsen.

Selbstverständlich kann man sich den 4i der transformationalen Selbstführung auf unterschiedlichen Weisen nähern. Aber entscheidend zur Umsetzung einer Haltung der transformationalen Selbstführung ist es nicht, die eine richtige Übung durchzuführen, sondern eine wiederkehrende ehrliche Auseinandersetzung mit den zugrundeliegenden Fragestellungen, Grundannahmen und Weltsichten vorzunehmen. Die von uns vorgeschlagenen Übungen stellen eine unter mehreren Möglichkeiten dar, sich selbstreflektorisch mit den Themen der 4i auseinanderzusetzen und diese auf die eigene Lebensrealität zu beziehen.

Das Modell der 4i bietet ein Raster, sich selbst die richtigen Fragen zu stellen und die Selbstführung praktisch anzugehen. Dabei geht es eben nicht um das eine Zielfoto des Lebens, sondern darum, sich dessen bewusst zu werden, was uns erfüllt, was uns bedeutsam ist und was sich stimmig anfühlt, und dem mehr Raum im eigenen Leben zu geben. Stück für Stück, Schritt für Schritt, ganz im Sinne des Effectuation-Prinzips.

Und abschließend ein urtransaktionaler Appell: Such dir eine Erkenntnis heraus und nimm dir eine Aktivität vor, auf die du eine Woche lang ganz besonders achten willst! Viel Freude und Erfolg.

5 Zusammenfassung

Dieses Buch befasst sich mit Self-Leadership, also mit dem Führen von uns selbst, in chaotischen Zeiten. Wir nehmen an, dass sich die Umwelt schneller verändert als jemals zuvor in der Geschichte der Menschheit und damit die Zukunft schwerer vorhersehbar und eigentlich nicht planbar ist. Amerikanische Soziologen bezeichnen unsere Zeiten als volatil, unsicher, komplex und ambivalent beziehungsweise mehrdeutig, kurz als v.u.k.a.-Welt.

In der Managementlehre geht die überwiegende Anzahl der Modelle und Theorien der Unternehmensführung davon aus, dass die Umwelt stabil bleibt und die Zukunft vorhersehbar und planbar ist. Unter volatilen, unsicheren, komplexen und mehrdeutigen Rahmenbedingungen suggerieren die herkömmlichen Managementansätze eine Kontrollier- und Berechenbarkeit, die uns eine Sicherheit vorgaukelt, wo eigentlich Skepsis angezeigt wäre. Die wenigsten Modelle und Theorien der Managementlehre funktionieren in einer v.u.k.a.-Welt.

In der Selbstführungsliteratur dominieren ebenfalls solche Ansätze, die von einer stabilen Umwelt und einer vorhersehbaren und planbaren Zukunft ausgehen. Demnach sollte man sich ein reizvolles Ziel suchen und sein Leben an diesem Ziel ausrichten. Wir bezeichnen diese Ansätze als Ziel-Weg-Ansätze. Das Reizvolle ist die Einfachheit dieser Ansätze der Selbstführung, oder besser gesagt, des Selbstmanagements. In einer v.u.k.a.-Welt bestehen sie jedoch nicht. Ganz im Gegenteil können sie zum Verlust von Lebensfreude und Selbstvertrauen führen, weil sie scheinbar einfach anzuwenden sind und dabei die Vielschichtigkeit und Dynamik des Lebens ignorieren. Sollte es uns trotz der vermeintlichen Einfachheit der Ziel-Weg-Ansätze nicht gelingen, unser Ziel zu erreichen, löst dies Frust aus und das Selbstvertrauen sinkt. Häufig machen wir als Reaktion auf eine Sollabweichung vom Gleichen mehr, was zu einem Verbrauch von Ressourcen führt und die Gefahr der Abnutzung mit sich bringt.

Alternativen zu den statischen Ansätzen der Unternehmensführung und des Selbstmanagements sind rar. Wir nutzen die Erkenntnisse aus der Führungsstilforschung der vergangenen zwanzig Jahre und schlagen in diesem Buch eine transformationale Selbstführung vor. Die Idee dafür geht auf die von zwei amerikanischen Forschern eingeführte Unterscheidung zwischen einem transaktionalen und einem transformationalen Führungsstil zurück.

Ein transaktionaler Führungsstil geht davon aus, dass die Leistung eines Mitarbeiters vom Austauschprinzip abhängt. Demnach leistet ein Mitarbeiter im Gegenzug für einen sicheren Arbeitsplatz, ein regelmäßiges Gehalt, angenehme Arbeitsbedingungen oder die Aussicht auf eine Beförderung. Möchte ein Unternehmen mehr Leistung von dem Mitarbeiter haben, so muss das Unternehmen mehr gegenleisten, beispielsweise in Form von Sonderzahlungen oder besonderen Vergünstigungen.

Der transaktionale Führungsstil ist geeignet, um eine Aufgabe, für die ein bester Weg der Bearbeitung bereits bekannt ist, möglichst fehlerfrei und häufig ausführen zu lassen. Diese Aussage gilt, solange die Rahmenbedingungen konstant bleiben. In einer sich dynamisch verändernden Umwelt kommt eine rein transaktionale Führung an ihre Grenzen.

Im Gegensatz zur transaktionalen Führung geht es bei der sogenannten transformationalen Führung um die Gestaltung des Wandels. Eine transformationale Führung schafft ein Klima der Erneuerung und der Entwicklung; es gilt, ein Team zum Aufbruch zu bewegen und neue Ideen und Wege zu erproben. Eine transformationale Führungskraft wird mit einem Exkursionsleiter verglichen, eine transaktionale mit einem Puppenspieler.

Eine transformationale Führungskraft motiviert die Mitarbeiter durch Inspiration, nicht durch Zuckerbrot und Peitsche. Sie berücksichtigt die Stärken, Potenziale und Bedürfnisse des Einzelnen und fordert das Team intellektuell heraus. Weiterhin muss sie vertrauenswürdig und integer sein und entsprechend handeln.

In den vergangenen Jahren hat sich die transformationale Führung als wirksam und den bisherigen Führungsstilen als überlegen erwiesen. Insbesondere unter sich dynamisch verändernden Rahmenbedingungen ist sie besser geeignet für das Führen von Teams als die transaktionale Führung.

Mit diesem Buch übertragen wir die positiven Effekte einer transformationalen Führung von anderen auf das Führen von uns selbst. Dafür gehen wir in einem ersten Schritt auf die Essenz der transformationalen Führung zurück: Welche Haltung steckt hinter einem transformationalen Führungsverhalten im Gegensatz zu einem transaktionalen? Kontrastierend fassen wir die beiden Haltungen in der folgenden Tabelle zusammen:

Die Haltung ist …	transaktional.	transformational.
Die Zukunft …	kann das Erreichte gefährden.	ist ein Raum der gestaltbaren Möglichkeiten.
Die Kompetenzen des Menschen …	determinieren seine Nützlichkeit.	sind Ressourcen für die Gestaltung der Zukunft.
Die Potenziale des Menschen …	sind durch die Anlage und das Alter begrenzt.	können zu jedem Zeitpunkt im Leben aktiviert werden.

Die Haltung ist …	transaktional.	transformational.
Das Lernen …	nimmt der Mensch nur bei Anreizen auf sich.	ist eine natürliche Tendenz des Menschen.
Die persönliche Entwicklung …	ist nützlich zur Steigerung der Leistung.	stellt einen Wert an sich dar.
Die Unwägbarkeiten des Lebens sind …	Störungen auf dem Weg zur Zielerreichung.	Herausforderungen zu persönlichem Wachstum.
Die Umwelt ist prinzipiell …	kontrollierbar, und wir sollten nach Kontrolle streben.	nicht kontrollierbar, und wir sollten ihr offen begegnen.
Im Leben gilt es, …	die eigene Leistung und den Profit zu maximieren.	mehr vom Bedeutsamen zu tun und Sinn zu maximieren.

Aufbauend auf der transformationalen Haltung haben wir in diesem Buch Handlungsempfehlungen unterbreitet, welche in unsicheren Zeiten besser geeignet sind zur Selbstführung als herkömmliche Ziel-Weg-Ansätze. Wir fassen unsere Handlungsempfehlungen in der folgenden Tabelle noch einmal zusammen, wobei wir der Sortierlogik des Modells der 4i der transformationalen Führung folgen:

Inspirierende Motivation	Individuelle Berücksichtigung	Ideelle Klarheit	Intellektuelle Herausforderung
Denken in Sinn-Bildern anstatt in Ziel-Fotos	Sich neugierig beobachten und Potenziale suchen	Werten folgen anstatt Zielen	Abschied nehmen vom Plateau-Gedanken und akzeptieren, dass man nie fertig sein wird
Finden, was anzieht, und dem Platz im Leben geben	Den eigenen Potenzialen zur Entfaltung verhelfen, Schritt für Schritt	Mehr Echtheit wagen	Psychologische Flexibilität vor Selbstregulierung; besser Ziele anpassen als unter ihnen zu leiden
Sinn maximieren, nicht Profit	Die eigenen Unzulänglichkeiten akzeptieren und nicht mehr darunter leiden	Sein eigenes Vorbild leben	Die Komfortzone des Denkens verlassen: Nimm an, Du hast doch nicht recht und die Welt ist ganz anders.
In fließenden Lebensphasen denken, nicht in Etappen oder Zielen	Achtsam mit sich und den eigenen Ressourcen umgehen	Sich als Autor begreifen und sein Leben bewusst gestalten	Neugier anstatt Ehrgeiz; mehr Forscher sein als Krieger.

Es ist ein Element der transformationalen Haltung, dass wir uns als werdende Wesen betrachten und die eigene Entwicklung einen Wert an sich darstellt. Dieses Buch endet ganz bewusst nicht in Checklisten und transaktionalen Trainingsplänen. Wir legen vielmehr eine Haltung nahe und verstehen uns als Impulsgeber, sich selbst die richtigen Fragen zu stellen und die Herausforderungen unserer volatilen, unsicheren, komplexen und mehrdeutigen Welt anzunehmen. Wenn wir den Unwägbarkeiten der Zukunft transformational begegnen, werden wir an ihnen nicht zerbrechen, sondern wir werden an ihnen wachsen und, wie es der libanesische Philosoph Nassim Nicholas Taleb (N. N. Taleb, 2013) ausdrücken würde, wir werden anti-fragil.

Die Autoren

Dr. Marcus Heidbrink ist Organisationspsychologe. An der Executive School der Universität St. Gallen forschte und lehrte er zu den Schwerpunktthemen Leadership, Selbstführung und Unternehmenskultur. Als Autor hat er sich unter anderem mit den Erfolgsfaktoren von High-Performance-Teams, mit den Kriterien einer gesunden Unternehmenskultur und mit Narzißmus in Führungsetagen befasst. Dr. Heidbrink ist Mitgründer der Zortify S.A., welche mit Hilfe von künstlicher Intelligenz Unternehmen hilft, eine gesunde Arbeitsumgebung für ihre Mitarbeitenden zu gestalten.

Sebastian Debnar-Daumler ist Diplom-Psychologe mit Weiterbildungen in systemischem Coaching und Hypnotherapie. Als Leitender Psychologe des Deutschen Leichtathletikverbands begleitet er die Trainer und die deutschen Spitzensportler zu Welt- und Europameisterschaften. Seine Arbeitsschwerpunkte sind High-Performance-Teams, Leistungsfreude und das Abrufen von Leistungsfähigkeit unter extern determinierten Rahmenbedingungen. Als Mitgründer der HPO Research & Consulting Group arbeitet er als Begleiter von Teamentwicklungsprozessen und als Coach von Schlüsselpersonen und Führungskräften in der Wirtschaft und im Sport.

Literaturverzeichnis und -empfehlungen

Kapitel 1 Peter Gross (1994). Die Multioptionsgesellschaft. Edition Suhrkamp.

Kapitel 1 Viktor E. Frankl (2013). Das Leiden am sinnlosen Leben – Psychotherapie für heute. Herder Verlag.

Kapitel 1 Abraham. H. Maslow (1966). Comments on Dr. Frankl's Paper. Journal of Humanistic Psychology, 6(2), 107-112.

Kapitel 1 Sebastian Debnar-Daumler, Marcus Heidbrink, Julian Brands & Claus Verfürth (2016). Top-Manager in beruflichen Umbruchphasen – Wie der Umbruch erlebt wird und die Neuausrichtung gelingt. Springer Essentials.

Kapitel 1 Andreas Buhr & Florian Feltes (2018). Revolution? Ja, bitte! Wenn old-school-Führung auf new-work-Leadership trifft. Gabler Verlag.

Kapitel 1 Miriam Meckel & Marcus Heidbrink (2022). Tausche Geld gegen Wertschätzung. Handelsblatt, 147, 48.

Kapitel 1 Workforce Purpose Index (2019). Pathways to Fulfillment at Work. Improve.com

Kapitel 1 Marcus Heidbrink, Victoria Berg & Florian Feltes (2021). Die Jungbullen kommen. Harvard Business Manager, 5, 38-53.

Kapitel 1 W. Keith Campbell & Carolyn Crist (2020). The new Science of Narcissim – Understanding One of the Greatest Psychological Challenges of Our Time – and What You Can Do About It. Sounds True Publisher.

Kapitel 1 Oliver Mack et al. (Hrsg.) (2016). Managing in a VUCA world. Springer Verlag.

Kapitel 2 Bernard Bass & Bruce Avolio (1994). Improving Organizational Effectiveness Through Transformational Leadership. Sage Publications.

Kapitel 2.1 Johannes Steyrer & Michael Meyer (2010). 60 Jahre Führungsstilforschung. Zeitschrift Führung und Organisation, 3, 148-155.

Kapitel 2.1 Martin E. P. Seligman (1974/2016). Erlernte Hilflosigkeit. Beltz Verlag.

Kapitel 2.2 Warren Bennis & Joan Goldsmith (2003). Learning to Lead: A Workbook on Becoming a Leader. Basic Books.

Kapitel 2.2 Stephen P. Robbins & Timothy A. Judge (2014). Essentials of organizational behavior. Pearson Education.

Kapitel 2.2 Jingping Sun, Xuejun Chen & Sijia Zhang (2017). A Review of Research Evidence on the Antecedents of Transformational Leadership. Educational Leadership: A Global Perspective, 7(1).

Kapitel 2.2 Barbara Steinmann (2017). Pseudo-transformational Leadership. In: D. Poff & A. Michalos (Hrsg.) Encyclopedia of Business and Professional Ethics. Springer Verlag.

Kapitel 2.2 Roy F. Baumeister et al. (1998). Ego depletion: Is the active self a limited resource? Journal of Personality and Social Psychology, 74, 1252–1265.

Kapitel 2.3	Bernard Bass & Bruce Avolio (1993). Transformational Leadership and Organizational Culture. Public Administration Quarterly, 112-121.
Kapitel 3.2	Rolf Wunderer (2011). Führung und Zusammenarbeit. Eine unternehmerische Führungslehre. 9. neu bearbeitete Auflage. Luchterhand Verlag.
Kapitel 3.2.1	Viktor E. Frankl (1966/2015). Der Wille zum Sinn. Ausgewählte Vorträge über Logotherapie. 7. unveränderte Auflage. Hogrefe Verlag.
Kapitel 3.2.2	Wolfgang Jenewein & Marcus Heidbrink (2008). High-Performance-Teams. Schäffer Pöschel Verlag.
Kapitel 3.2.2	Saras D. Sarasvathy (2001). Causation and Effectuation: Toward a Theoretical Shift from Economic Inevitability to Entrepreneurial Contingency. Academy of Management Review, 26, 2.
Kapitel 3.2.2	Carl Rogers (2004). On becoming a person: A Therapist's View of Psychotherapy. Houghton Mifflin Harcourt.
Kapitel 3.2.3	Albert Bandura (1997). Self-Efficacy: Toward a Unifying Theory of Behavioral Change. In: Psychological Review. 84(2), 191-215.
Kapitel 3.2.3	Patricia W. Linville (1987). Self-complexity as a cognitive buffer against stress-related illness and depression. Journal of Personality and Social Psychology, 52(4), 663-676.
Kapitel 3.2.3	Sebastian Debnar-Daumler, Marcus Heidbrink, Julian Brands & Claus Verfürth (2016). Top-Manager in beruflichen Umbruchphasen – Wie der Umbruch erlebt wird und die Neuausrichtung gelingt. Springer Essentials.
Kapitel 4.2	Yuval N. Harari (2021). Homo Deus: Eine Geschichte von Morgen. C.H. Beck.
Kapitel 4.4	Timothy Ferris (2016). Tools of Titans: The Tactics, Routines, and Habits of Billionaires, Icons, and World-Class Performers. Penguin Random House.
Kapitel 4.4	Carol Dweck (2017). Mindset – Changing the way you think to fulfil your potential. Updated edition. Ballantine Books.
Kapitel 5	Nassim N. Taleb (2013). Antifragilität: Anleitung für eine Welt, die wir nicht verstehen. Knaus Verlag.

Stichwortverzeichnis

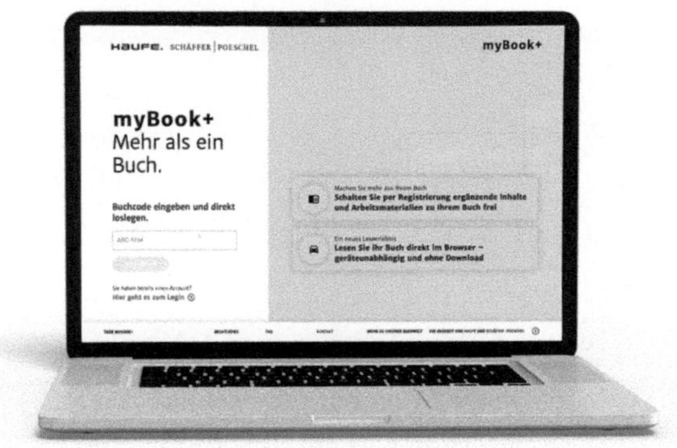

Ihre Online-Inhalte zum Buch: Exklusiv für Buchkäuferinnen und Buchkäufer!

- https://mybookplus.de
- Buchcode: CRV-92735